国外油气集输工艺与设施

李杰训　王志华　◎编著

石油工业出版社

内容提要

本书系统介绍了国外油田油气集输及矿场加工过程中的主要工艺与设施,详细阐释了工艺原理与操作过程,同时囊括了国外油田代表性的应用案例,对国内油田油气集输工程设计、建设、运行管理及技术创新提供了参考。主要内容包括原油集输工艺与设施、原油处理工艺与设施、天然气矿场集输基础理论与工艺、天然气处理工艺与设施及天然气凝液回收。

本书可供从事油田地面工程的科研人员及技术管理人员参考使用,也可供高等院校油气储运工程专业师生参考阅读。

图书在版编目(CIP)数据

国外油气集输工艺与设施 / 李杰训,王志华编著 .

—北京:石油工业出版社,2020.9

ISBN 978-7-5183-4241-9

Ⅰ.①国… Ⅱ.①李… ②王… Ⅲ.①油气集输

Ⅳ.①TE86

中国版本图书馆 CIP 数据核字(2020)第 188569 号

出版发行:石油工业出版社

　　(北京安定门外安华里 2 区 1 号　　100011)

　　网　　址:www.petropub.com

　　编辑部:(010)64523687　　图书营销中心:(010)64523633

经　　销:全国新华书店

印　　刷:北京中石油彩色印刷有限责任公司

2020 年 9 月第 1 版　2020 年 9 月第 1 次印刷

787×1092 毫米　开本:1/16　印张:10.75

字数:262 千字

定价:60.00 元

前言 *Preface*

　　油气集输的任务是把油井产出的原油、天然气混输集合至矿场加工处理设施，分离为油、气、水三相，油、气分别经过稳定、净化而满足商品化标准，水经过处理回注地层或注入处置井。油田开发过程中的该地面生产工序覆盖从油井井口到终端之间对原油、天然气混合物处置的各种工艺及操作，直接影响着油田的开发建设水平与效益。国内油田已形成了适应于多元化开发方式的油气集输工艺模式，但考虑油田全生命周期内的开发效益，通过对标国外油气集输工艺与设施、常用油气集输理论方法，在集输系统优化简化、标准化设计、模块化建设及自动化水平提升等方面进行不断的原始创新是保障我国油田可持续开发、等效提高油气自给率的重要途径。

　　本书是笔者结合多年来从事油田地面工程技术的相关调研积累，在我国油田快速拓展海外油气业务、维护国家石油战略安全、谋求可持续发展，以及我国高等院校推进工程教育与专业认证的多重背景下所编写，书中系统介绍了国外油田油气集输及矿场加工过程中的主要工艺与设施，力求囊括国外油田代表性的案例，以期提供对标设计与运行管理的启示，促进我国油田地面工程技术水平的提高和工程技术人才培养质量的提升。本书主要内容有原油集输工艺与设施、原油处理工艺与设施、天然气矿场集输基础理论与工艺、天然气处理工艺与设施及天然气凝液回收。

　　李杰训教授负责全书的立意及提纲的确立，并编写第一章、第二章、第五章、第六章，最后修改统稿；王志华教授编写第三章、第四章。

　　本书在编写过程中实地调研了国外典型油田，参考了大量中外文献资料，在此一并表示感谢！

　　由于笔者水平和资料调研有限，难免有错误和疏漏之处，敬请读者批评指正。

目录 *Contents*

第一章
绪　论

　　原油作为一种混合物，其物性因产地不同而有所不同，这种物性上的不同也决定着原油的用途与价格。全球范围内分布在陆上、海上的油田有 40000 多个，其中最大的油田是沙特阿拉伯的加瓦尔（Ghawar）油田和科威特的布尔干（Burgan）油田，其储量均超过 100×10^8t。根据美国能源信息署的数据，2019 年世界原油产量达到 1.3×10^{10}m³/d，在已发现的油田中，绝大部分为储量较小的油田，而世界级大油田和超级大油田（储量大于 5000×10^4bbl❶）总数只占全球油田总数的 1%，但其所拥有的储量可达全球总储量的 80%。在这些油田的勘探开发中，一般都涉及三个主要的阶段，如图 1-1 所示。第一阶段为涉及地下操作的上游部分：勘探、钻井、采油。第二阶段为涉及地面操作的中游部分：气液分离、原油脱水、天然气净化处理。第三阶段为涉及炼制加工的下游部分：油气输送、物理分离及化学转化等。

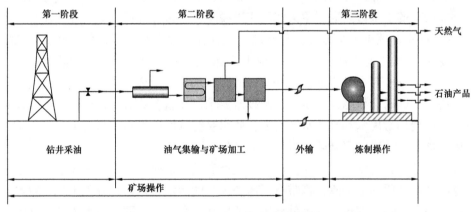

图 1-1　油田生产操作主要阶段示意图

　　地面操作，也就是油气集输与矿场加工，覆盖从油井井口到外输点之间对原油、天然气混合物处置的各种工艺及操作。地面操作在油田勘探开发中扮演着举足轻重的角色，而许多开采工艺给油气集输工艺与设施又带来重大挑战，主要在于油气集输流程与矿场加工设施的设计和操作，一个典型的例子就是随着油田的开发，伴生气的规模及原油乳状液性质在不断地改变，也就是油气集输的条件在发生变化。油气集输及处理过程的优化作为提高油气产量、降低生产成本的一个主要举措，以及油田建设总体规划的一个重要方面，国

------

❶ 1bbl = 0.159m³。

外在早期规划、开发建设及经济评价中就予以考虑。

国外油田地面操作内容主要为油气分离、原油脱水、原油脱盐、原油稳定与脱硫、天然气脱硫、天然气脱水及天然气凝液回收，从而着眼以最小的成本将从油井采出的油气混合物分离为最大收率的优质油气产品。

（1）油气分离操作内容。

作为处理油井采出液的第一步，油气分离就是将采出液中的油、气、水实现多相分离，该操作使用的设备为油气分离器。重力沉降是油气分离操作中的主要方式，油气混合物中高密度相会沉降到底部，而低密度相则上升到顶部，气液分离程度取决于油气分离器工作压力、油气混合物的停留时间和采出液的流动形态（如相对于层流，湍流流动形态会有更多的气泡逸出）。按形状通常将油气分离器分为卧式分离器、立式分离器和球形分离器。按分离相的数量分为两相分离器和三相分离器，在油田中前者用于从油相中分离出气体，后者用于从液相中分离出气体、从油相中分离出水。油相和油水乳状液通过液位控制阀或溢流阀从分离器底部排出，气体通过除雾器去除其中的液滴后从分离器顶部排出。另外，国外油田按油气分离器的操作压力，将其划分成操作压力为 0.069~1.241MPa 的低压分离器、操作压力为 1.586~4.826MPa 的中压分离器及操作压力为 6.722~10.342MPa 的高压分离器。

（2）原油脱水操作内容。

在国外油田，含水原油处理设备的设计和运行在油田开发中同样扮演着重要的角色，油气混合物初步分离后，得到的油水乳状液还需要进一步处理，因为在油气分离的第一阶段中，并非所有的水都可以通过重力沉降实现脱除，经过分离后的原油往往还含有体积分数约为 15% 的水，其中大部分以乳化水的形式存在。通常情况下，分离器主要脱除粒径在 500μm 及以上的游离水滴，分离器分离后的液相通常会有尺寸较小的游离水滴和乳化水珠，原油脱水操作旨在一方面使这些剩余的游离水完全分离出来，另一方面使乳化水实现有效的脱除。同时，根据盐含量特征及技术要求，在组合式脱水器后有时还配设必要的除盐器。按照处理游离水和乳化水的需要，脱水系统选用的设备类型也不同，最常见的有游离水脱除器、水洗罐、沉降罐、组合式油水分离器及电脱水器等。

油井采出液中含有水溶性杂质沉淀物、盐类和其他杂质，通过原油脱水操作这一阶段后，将这些物质从原油中去除，携带有固体和杂质的污水排入污水处理系统，脱除水后的净化原油从脱水设备顶部流出。另外，国外油田在破乳过程中同样也加入各种破乳剂，特别体现在加热脱水和电脱水过程中，通过添加化学破乳剂，使其吸附于油—水界面，顶替、破坏原油乳状液所具有的稳定界面膜。

（3）原油脱盐操作内容。

通常情况下，盐类会溶解在原油中残留的乳化水中，这类盐水的存在会带来严重的腐蚀和结垢，因此必须清除，尤其要防止对下游炼油厂蒸馏工艺设备的腐蚀破坏。原油中的含盐量是原油中残留乳化水量和残留乳化水矿化度的函数。国外油田界定，原油中的含盐量超过 57mg/L 时，在输送到炼油厂前需要在矿场进行脱盐。无论在油田生产脱水脱盐，还是在炼油厂脱盐过程中，电脱盐方法都是用于去除原油中无机氯化物和水溶性盐的普遍方法。

电脱盐工艺包含两个重要的连续过程，一个是注入冲洗水以增加原油中悬浮乳化小水珠的整体密度，也就是水洗作用；另一个是通过对分散水相进行机械剪切和分散，形成均匀的液滴尺寸分布，也就是静电聚结作用。

（4）原油稳定与脱硫操作内容。

原油经过脱气、脱水、脱盐处理后，将由泵输送至集输设施以储存。然而，国外油田尤其在硫化氢（H_2S）存在的情况下，对原油必须进行稳定与脱硫。硫化氢（H_2S）气体常常含于油井产出原油中，它不仅有难闻的气味，还存在毒性，若不慎吸入，会致人死亡；在潮湿环境下会形成硫酸而具有腐蚀性。所以，管道运行规范中要求同时除去酸性气体（CO_2）和硫化氢（H_2S）。

原油稳定与脱硫的基本形式是分馏，这是一个有双重作用的工艺过程，因为稳定与脱硫过程不仅能够使原油脱酸（脱除 H_2S 和 CO_2 气体），还能使原油的蒸气压降低，从而保证原油通过油轮安全运输。蒸气压的高低与原油中的甲烷、乙烷、丙烷和丁烷等轻烃组分有关，随着原油体系蒸气压的降低，轻烃组分蒸发并从原油中逸出。如果去除这一定量的轻烃，蒸气压即可满足原油在标准大气压下装运的要求。

（5）天然气脱硫操作内容。

在原油处理的同时，需要对天然气进行处理和加工，但要使天然气达到管道中干气质量水平的实际操作是十分复杂的，天然气中各类杂质的去除通常包括脱硫和脱二氧化碳、脱水及分离天然气凝液等主要过程。在分离天然气凝液前，气体脱硫总是在脱水和其他处理工艺之前进行。另一方面，按照管道输送的规范要求，天然气需要脱水，这也是从天然气中回收凝液前的必要步骤。

酸气成分主要随 H_2S 和 CO_2 气体的浓度变化而改变，其浓度可在百万分之一到百分之五十之间变化。天然气必须进行脱硫操作的原因在于当有水分存在时，H_2S 和 CO_2 气体具备腐蚀性，同时 H_2S 气体具有毒性，而天然气中 CO_2 含量过高又会降低其热值，折算国外油田界定的天然气热值，应不低于约 36 MJ/Nm^3。

脱硫剂是天然气脱硫操作中经常使用的一类化学剂，其应具备的特性包括：满足脱除硫化氢和其他硫化物的要求；溶剂和酸性气体间的反应可逆，以防止溶剂降解；溶剂的热稳定性良好；单位溶剂的酸气吸收率高；溶剂不具有腐蚀性；溶剂在接触器或蒸馏装置中不会产生泡沫；具有选择性脱除酸性气体的性能；溶剂价格低廉且易于供应。

基于胺类气体脱硫的工艺，也就是气体脱硫和酸气脱除的工艺，是指利用各种烷基胺（通常简称为胺）的水溶液去除气体中 H_2S 和 CO_2 的过程，这些溶液都是可以循环利用的，该工艺是炼油厂常用的处理单元工艺，也应用于石油化工厂和天然气加工厂。典型的胺类气体脱硫工艺包括吸收塔、再生塔以及其他辅助设备，在吸收塔中，胺溶液的流动与酸性天然气进入方向相反，进而吸收其中的 H_2S 和 CO_2，生成不含 H_2S 和 CO_2 的天然气及吸收酸气后的富液，随后富液进入再生塔中，生成酸气解吸后的贫液循环回吸收塔，并将浓缩的 H_2S 和 CO_2 气体从再生塔顶部排出。

（6）天然气脱水操作内容。

甘醇脱水是较为常见且经济的一种天然气脱水方法，其原理是通过液体干燥剂去除天然气中的水和天然气凝液。为了达到管道输送的天然气质量标准，通常用三甘醇脱除天然气中的水，但在此过程中，需要预防低温条件下生成天然气水合物，以及由于天然气中 H_2S 和 CO_2 的存在而导致的腐蚀问题。脱水，抑或是水蒸气的去除，是通过降低入口水露点温度（析出第一滴液态水珠时的温度）到出口水露点温度，以析出一定数量的水。

在脱水操作中，湿气在吸收塔中与甘醇贫液接触，其中的水蒸气被甘醇贫液吸收，天然气的露点降低，随后甘醇富液从吸收塔流向再生塔，其携带的水蒸气在再生塔和重沸器中进一步分离和分馏，加热可使其吸收的水蒸气沸腾蒸发，脱水后的甘醇贫液通过热交换进行冷却并泵送回吸收塔。

（7）天然气凝液回收操作内容。

尽管国外油田对天然气在井口或井口附近完成某些必要的矿场加工，但实现对天然气的完全加工还通常是在位于天然气生产区的处理厂中进行。天然气凝液主要由乙烷和其他重质烷烃（C_{2+}）组成。为了从大量的天然气中分离和回收天然气凝液，相态的变化是必不可少的。换言之，为了实现分离，必须有新的相态产生。国外油田在分离回收天然气凝液组分的过程中，主要有两种各具特色的操作。一种是基于能量特性的分离，即通过制冷去除热量使较重的组分凝结形成液相。大多数天然气处理厂都在低温下分离回收天然气凝液，例如，为了从天然气中回收 C_2、C_3 和 C_4，通过制冷对甲烷进行脱除。另一种是基于质量特性的分离，即利用液体溶剂产生新相来分离回收天然气凝液，这种溶剂与天然气接触选择性吸附天然气凝液的相关组分。

天然气凝液组分主要为乙烷、丙烷、丁烷和正戊烷（也称之为凝析油），当天然气凝液从天然气中分离回收后，可以采用蒸馏或分馏工艺进一步分离其组分，这一过程既可以在油田矿场进行，也可以在连接石油化工厂的终端进行。天然气处理厂的分馏都基本相似，都旨在生产符合规范的产品和提供不同烃类化合物。分馏本质上是一个蒸馏的过程，即根据不同的沸点得到不同的烃类组分，例如分馏获得液化石油气中的 C_3，C_4 和凝析油中的 C_{5+}。用分馏塔对天然气凝液进行分离和切割的过程中，往往通过优化入口流速、回流比、重沸温度、回流温度、分馏压力等参数来控制从塔顶产出纯气相产品的质量。

另外，针对油气集输与矿场加工，不同于国内油田更多按照集输生产功能进行站场划分的方式，国外油田注重单元操作的划分与应用，也就是模块化。单元操作是一种基本的物理操作，如流体流动、传热传质、蒸馏和吸附，其中的流体流动涉及流体流动和输送控制的原理，传热传质过程涉及不同模式下的传热原理，蒸馏和吸收（附）则是通过扩散将分子从一相转移到另一相而实现石油碳氢化合物分离的单元操作。

在油田地面操作中，绝大多数工艺操作属于物理操作或物理反应，其主要是能量间的传递和转化，以及基于物理方法进行物料的转移、分离和调节处理，油气集输与矿场加工过程中三种典型的转化模式可概括为动量传递模式、热交换器和加热炉作用下介质的传热模式，以及蒸馏塔、吸收器等浓缩、分离设备中由于分子扩散使得轻组分脱除而引起的传质模式。表1-1列出了国外油田油气集输与矿场加工中常见的单元操作划分与具体应用，油气混合物从井口采出，到原油及伴生气的分离、净化、储存、外输，直至商品化，整个过程都可以用单元操作、模块化的概念进行描述。

表 1-1　常见的单元操作与应用

单元操作类别	具体应用
平衡闪蒸单元操作	油气分离工艺
蒸馏/汽提单元操作	原油稳定与脱硫工艺
吸收单元操作	天然气处理工艺
流体流动单元操作	多数工艺操作
传热单元操作	多数工艺操作

基于这些单元操作或模块化的思路，国外油田便围绕油气混合物的矿场加工形成了如图 1-2 所示的基本工艺系统，油气混合物经油气分离得到的原油依次通过脱水、脱盐、稳定及脱硫模块而满足储存条件，得到的天然气通过脱硫、脱水模块成为净化气，得到的污水则进行处理回注地层或处置井。

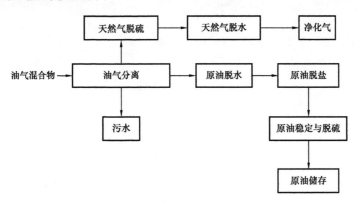

图 1-2　油气矿场加工工艺系统示意图

针对前述油田地面操作内容，进行标准化设计和模块化建设是国外油田的通用做法。以美国为例，其地面工程建设项目的前期工作一般也分为可行性研究、基础设计和详细设计三个阶段，规模较大的项目还要增加项目建议书和预可研两个阶段，小的项目可行性研究通过评审后可以直接进行详细设计。工程公司承担的工程项目，视复杂程度设计周期有所不同，一般情况下为 6~8 个月，设计费率为 5%。许多石油公司和工程公司都建立了长期的战略合作伙伴关系，以便于工程公司了解和实现石油公司的理念追求与管理习惯。大多数项目都是工程公司进行设计、采购、施工总承包，属于交钥匙工程，业主负责技术和质量监管。

总之，尽管国内外油田开发的基础条件不同，但对标地面工程建设的主要内容差别不大，特别在目标上是一致的，那就是追求经济效益的最大化。通过实施地下、地上整体优化，保证地面方案的科学性及合理性，这在国外油田也极为重视，不论考虑哪个生产环节，都是以经济效益为中心，贯穿财务经营的思想。如其整个油田开发建设的周期较长，有时从资源落实开始到确定地面工程建设方案需要 5~10 年的时间，这期间要经过反复的研究论证，避免由于上一个环节方案做得不细或论证不充分而给下游环节带来工作上的重复和投资的浪费，从而实现整体经济效益的最大化。

第二章
原油集输工艺与设施

原油集输就是将油井采出的油气混合物集合、处理为优质且稳定的原油与天然气产品，原油集输工艺与设施反映一个油田地面规划建设的精细化水平、节约集约利用资源的程度、自动化程度，以及健康、安全、环保管理体系的推行程度。本章主要介绍国外油田常见的集油流程、集油主要设施及矿场加工中的气液分离单元。

第一节　原油集输流程及设施

一、矿场集油流程及输送网络

国外油田同样将注入、采出、矿场处理，直至外输到终端各单元构成的亚闭环系统归为矿场集油系统，如图 2-1（a）所示，从气举或注气、注水到油藏，从油藏到生产油井，从生产油井到集油支管、集油干管，再经过分离、净化，通过管道、泵、储罐等设施转输向终端。而集油支管、集油干管及分离设施的不同组合设计形式则形成了不同的集输流程，如图 2-1（b）至图 2-1（e）所示。

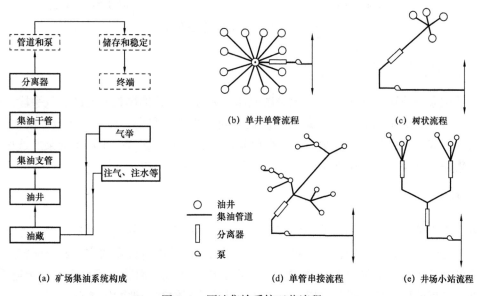

图 2-1　原油集输系统工艺流程

（1）单井单管流程：每口油井通过各自的出油管道汇集到集中处理装置，处理后向下一矿场加工单元增压输送的流程。

（2）树状流程：单井井口采出液通过各自的出油管道汇入一条集油干管，通过该集油干管输送至集中处理装置的流程。

（3）单管串接流程：单井井口采出液通过各自的出油管道先就近串接到集油支管（管径一般为 600～800mm），各短距离集油支管再汇集到集油干管（管径一般为 400～500mm），由集油干管向后续矿场加工单元输送的流程，其中的集油干管有时长达 80km。

（4）井场小站流程：分离过程在井场进行，单井井口采出液通过非常短的集油支管直接进入到分离处理装置，处理后的原油通过干线向下一矿场加工单元输送。

如图 2-2 所示为国外油田原油输送网络，涵盖从原油的生产、矿场加工、储存、输送到石油产品的炼制与销售，其中，图 2-2（a）为矿场集输网络，图 2-2（b）为原油生产到终端的一体化输送网络。

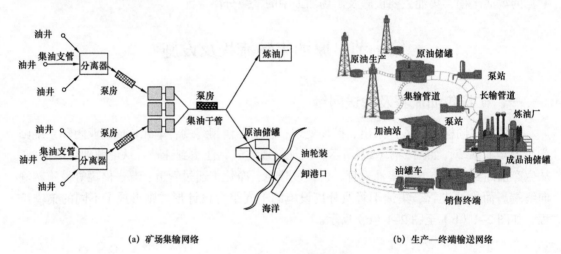

(a) 矿场集输网络　　　　　　　　　　　　　　(b) 生产—终端输送网络

图 2-2　国外油田原油输送网络

二、矿场集输管道和泵

管道和泵是快速、安全、平稳地输送原油、天然气及其他燃料介质的有效手段。管道运行需要确保最大的运行效率、最短的停输时间，并符合安全、环境和质量标准，同时，对油田内部采出液的集输及分离后原油向终端的输送均需要配置一定功率的泵。这里同样涉及在集输系统及原油输送网络中管道规格及泵型选择的问题。

1. 管道

管道在石油和天然气的运输中发挥着至关重要的作用，国外油气输送的第二种最主要的形式便是管道，它的应用比油轮更为复杂，因为油轮的本身性质决定了其只能转运海上或可通航河流上极为有限区域的原油、石油产品或天然气，而管道可用于油田集输系统、原油外输往炼油厂或海运码头，以及将成品油从炼油厂输往当地的销售点。

　　当然，市场需求的增长可能会超出管道应对需求量的基本能力，解决这一问题的第一种方式是通过增加泵站来提高输送介质在管道中的流速。但是，由于管道摩阻随流速增大而呈几何级增长，因此在某些条件下，敷设副管会变得更为经济。油田地面一般有许多小口径的集油管线，用以从井口收集原油，并将其汇集到集中处理装置。国外将管道划分为油田集输管道、油田大口径外输管道、长距离管道及转输管道等四种类型。其中，油田集输管道就是将分散于各油井的采出介质集合，与原油生产最为密切，对采油作业有着很大影响；油田大口径外输管道将原油从油田矿场输送到港口或附近的炼油厂；长距离管道是缩短原油海路运输的一类管道；转输管道则是从港口向位于远离海港的内陆炼油厂工业区输油的管道。这些矿场输送原油和石油产品的管道规格多样，管径从小口径到大口径，分布不一。在设计一条管道时，有两个基本的几何参数，那就是相关于流量的管道直径和相关于管内压力的管道壁厚。

　　（1）管径确定。

　　设计一套管道系统，工程师首先应该考虑经济因素而确定管径。

　　对于不可压缩流体，管径的确定即按照式（2-1）：

$$Q = \frac{\pi}{4}d^2v \qquad\qquad (2-1)$$

式中　Q——流量，m^3/s；

　　　　d——管径，m；

　　　　v——流速，m/s。

　　当在给定距离范围内泵送一定量的原油时，可以有两种选择，要么是选择压降小的大口径管道，要么是选择压降大的小口径管道，前者具有较高的建设成本，但运行成本较低，后者建设成本较低，但由于需要设置较多的泵而使运行成本提高，这就需要在二者之间寻求经济平衡。不过，在规划设计中，并没有硬性的规定、标准或公式可供使用，都得根据具体情况而定。一方面需要考虑实际泵送设备的成本，另一方面还要兼顾管道的运行区域，如与人口密集地区相比，在沙漠中因为可能需要提供外部服务，因此获得同样的泵送效果会需要更高的成本。

　　在实际管道中，固定费用包含管材、所有配件和安装的费用，这些固定成本可以与管道规格相关联而给出总固定费用的近似数学表达式。同样，直接成本，也就是可变成本，则主要由压降引起的动力成本和维修、维护等附加成本组成，其也可以与管道规格相关联。对于给定的介质流动，其动力成本随着管道规格的增大而降低，因此，可变成本随着管道规格的增大而降低。如图2-3所示，包括固定费用在内的总成本在某一管道规格时达到最小值，就可确定此规格管径为最佳经济管径。

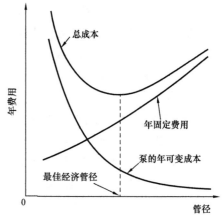

图 2-3　最佳经济管径的确定

（2）管径与压降的关系。

一般遵循两种情形分析管径与压降的关系，一种是假设一个流速值 v 来计算压降，另一种是考虑一个压降的允许值来计算相应的流速 v。

对于第一种情形，首先给定一个管径 D_i 和一个流量 Q，根据该流量 Q 计算流速 v，并求雷诺数 Re，然后再计算摩阻系数 f，最后按式（2-2）计算压降。当然，流量的假定参照表 2-1 所示的经济流速合理假设范围。

$$(\Delta p)_{cal} = \frac{1}{D_i} \cdot \frac{\rho v^2 f}{2} \qquad (2-2)$$

式中 $(\Delta p)_{cal}$——计算压降，Pa；

$\quad\quad D_i$——管径，m；

$\quad\quad g$——重力加速度，m/s^2；

$\quad\quad \rho$——流体密度，kg/m^3；

$\quad\quad v$——流速，m/s；

$\quad\quad f$——摩阻系数。

当计算压降 $(\Delta p)_{cal}$ 不超过技术要求的压降 $(\Delta p)_{spec}$ 时，假设符合；当计算压降 $(\Delta p)_{cal}$ 大于技术要求的压降 $(\Delta p)_{spec}$ 时，通过提高 D_i 的给定值来降低计算压降 $(\Delta p)_{cal}$，重复步骤，直到计算压降 $(\Delta p)_{cal}$ 不超过技术要求的压降 $(\Delta p)_{spec}$，使假设符合，从而也便建立了管径与压降的关系。

表 2-1　不同流体的经济流速

流体类型	流速合理假设范围，m/s
水或类似水的液体	1～3
低压蒸汽（0.172～0.689MPa）	15～30
高压蒸汽（>0.689MPa）	30～61

从理论上讲，在给定的时间周期内，管径增加一倍，而其他条件不变时，会使输量增加 4 倍以上，这意味着总成本可能翻倍，但输送中的单位成本将下降。原油在管道中能以每秒 1～7m 的速度流动，当以 1.39m/s 的速度流动时，大致相当于人步行的速度。

（3）管道壁厚确定。

影响管道壁厚的因素包括最大压力与工作压力，最高温度和工作温度，输送介质的化学性质、流速，管道材料与等级，以及安全系数等。国外油田对管道壁厚的确定通常采用分步法：

① 根据一条管道的允许压降 Δp 确定管径 D_i。

② 选择一种已知抗拉强度 S 的管材。

③ 根据可能的操作压力 p，按式（2-3）计算管道壁厚系列号 N。

$$N = \frac{1000p}{S} \qquad (2-3)$$

式中　p——工作压力，MPa；

　　　S——抗拉强度，MPa。

④ 如果预期管道系统会存在严重的腐蚀，考虑选择较大的管道壁厚系列号 N。

⑤ 对应于管道壁厚系列号 N，取一个相等或略大于根据允许压降 Δp 所确定 D_i 的管道公称尺寸。

⑥ 按式（2-4）校核计算安全工作压力。

$$p_s = 2S_s \frac{t_m}{D_{av}} \qquad (2-4)$$

式中　p_s——安全工作压力，MPa；

　　　S_s——安全工作应力，MPa；

　　　t_m——管壁的最小厚度，mm；

　　　D_{av}——管道平均直径，mm。

另外，国外油田建设时，在管道的设计中，着眼于满足经济或战略需求，考虑输送原油的管道可以改为输送天然气，输送天然气的管道可以改为输送原油。同样，考虑到如果供需状况发生变化，可以通过调转管道沿线的泵站进行反向运行。

国外油田管道一般选择钢制或塑料材料，如前所述，其规格因支线、干线用途不同而分布不一，但大多数都埋深 1～2m。为防护管道受到冲击、磨损和外腐蚀，往往采用包括木质保温材料、混凝土防护层和高密度聚乙烯防护层等在内的多种方法。管道建设的主要成本构成是材料、人工、路权损害赔偿和其他的一些小项成本，大多数情况下，材料和人工费用占建设成本的 65% 以上，且这种投资的分布特点在原油原道和成品油管道建设中基本是相似的。

国外油田所产一些原油中也是含有不同量的石蜡，在较冷的气候条件下，石蜡会析出而沉积于管道，这些管道通常借助管道检测仪表、清管器进行检查和清理。特别是智能清管器用于检测管道中的一些异常情况，如凹痕及由腐蚀、开裂或其他机械损伤造成的金属损失等。国外油田矿场一直重视设计并安装综合性仪表系统，以获取管道沿线所有设施的操作、运行数据，通过监控和数据采集系统，调控设施以最优的生产能力和最佳的效率运行。

2. 泵

泵用于给流体介质的流动提供驱动力，重力、顶替、离心力、电磁力、动量转移和机械脉冲是引起流体流动转换的 6 种基本手段，除重力外，离心力是当今泵送流体最普遍使用的方法。离心力可通过离心泵或压缩机施加，它们的基本功能都是通过离心力的作用产生动能，然后通过有效降低流速而将动能转化为压能。应用离心装置的管道介质流动一般具有脉动小、成本低、工艺简单、性能高效及出口压力是流体密度的函数等优点和特征。

（1）泵的类型。

根据工作原理，国外油田将泵划分为直接提升式、容积式和重力式三大类，按其排液方法分为容积泵、脉冲泵、速度泵和重力泵。泵的运行分为往复式和旋转式，机械泵可以浸没在要泵送的流体介质中，或置于在流体介质外部，表2-2对不同类型泵进行了简要的对比。

表2-2　油田不同类型泵的比较

泵的作用类型	泵的特点
离心作用	最常见的大排量泵
往复作用	低排量、高扬程，适用于黏性流体，用于在减压蒸馏塔排放沥青
回转式正排量作用	回转运动和正排量的组合，用于气泵、螺杆泵和计量泵
排气作用	非机械式、气举型，用于射流泵

泵的应用广泛，在油气工业领域，泵应以低剪切和对液滴尺寸影响最小的方式来输送介质，以避免产生不利于油水有效分离的乳状液。泵应为自吸式，且没有气锁。泵应具有汽蚀余量，以避免不发生汽蚀，有利于容器排空。另外，泵应适应于多相流体的输送。

（2）泵的选型。

国外油田对于泵型的选择主要参照以下综合性指南。

压力泵：用于创设高压或低压，可以是计量泵，也可以是增压泵。

脱水泵：用于从一个施工现场、池塘、矿井或其他区域排出水，以离心泵为主。

循环泵：用于使液体循环通过一个封闭的或环路系统，主要是离心泵，但也可以考虑使用容积泵。

气动泵：使用压缩空气通过管道系统对液体加压。

水井泵：设计用来从地下水源将水抽到地表，根据井深和结构，可以选择射流泵、离心泵或潜水泵。

水泵：用于通过管道系统输送水，依靠重力、吸力和真空来排水，可以是容积泵，也可以是离心泵。

锅炉给水泵：用来控制进入锅炉的水量，以离心泵为主，且大多数是多级的。

油料泵：用于输送通常黏稠性、腐蚀性的石油产品，可以是磁力驱动泵、隔膜泵、活塞泵等。

消防泵：离心泵的一种，通常有水平分体式、端吸式或立式涡轮泵。

总之，泵的最终选型受许多因素的影响，包括作为泵送流量函数的泵容量（尺寸）、流体介质的物理化学性质、操作条件、供电类型和流量分配类型等。

三、矿场储罐

原油的矿场生产、石油产品的炼制与运销需要许多不同类型和规格的储罐，国外油田矿场普遍使用小型的栓接或焊接储罐，而大型焊接储罐则用于炼油厂和配送终端。生产操作条件、储存容量和具体的设计问题都会影响矿场储罐的选择过程。

储罐的形状众多,有立式圆柱形储罐、卧式圆柱形储罐,有顶部开式储罐、全密闭储罐,有平底储罐、锥底储罐、坡底储罐和碟底储罐。大型储罐往往为立式圆柱形,且从垂直罐壁到底部有圆角过渡,这种结构使其能够承受所储存介质的静水压力。在输送工艺中大多数储罐会进行不同的设计以应对不同程度的压力。

总体上,国外油田将用于储存石油天然气类介质的储罐划分为固定顶罐、外浮顶罐、内浮顶罐、拱顶外浮顶罐、卧式罐、压力罐、可变蒸汽空间罐和液化天然气罐等8种类型,前4种储罐罐型基本都为圆柱形且轴线与地基相垂直,大多布置在地面上;而卧式罐在地上和地下均有使用;压力罐通常是水平布置在地面上;罐型呈球形以便其在高压下保持结构的完整性;可变蒸汽空间罐则呈圆柱形或球形形状。另外,国外还有很多农用石油储罐,这些储罐多为地上单壁卧式储罐,具有防止泄漏污染的二级密封系统。

四、油田原油集输案例

1. 井场小站工艺

以所调研的美国陆上巴肯(BAKKEN)、斯博瑞百瑞(SPRABERRY)、泡斯透(POSTLE)、北伍德艾兹(NOTRTH WARD ESTES)和巴奈特(BARNETT)等油田为代表,其原油集输流程以井场小站工艺为主。

基本工艺流程如图2-4所示,油井采出的原油进入一级分离器进行气、液两相分离,分离后的原油进入二级分离器,加热后进行油、气、水三相分离。二级分离器分离出来的原油进入油罐,沉降后,上部的净化油外输,下部的底水用泵打入水罐。破乳剂在一级分离器进口之前加入,有的井场上还设有给井筒加药的储药罐和加药泵。二级分离器分离出来的污水和油罐底水均进入水罐,沉降分离后,上部的原油进入油罐,下部的污水外输。一、二级分离器分离出来的天然气,以及油罐和水罐顶部析出的天然气,一部分供给二级分离器作为燃料,大部分经计量后进入天然气管道外输。

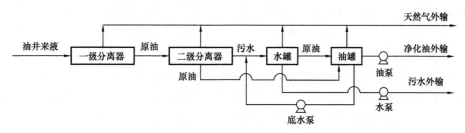

图2-4 典型油田原油集输井场小站工艺流程

对于井场小站工艺中的井场设施,在单井井场往往设置卧式一级分离器和立式二级分离器各1套,立式水罐1座、油罐3座,水罐和油罐兼有沉降和储存2种功能。在罐区还设有底水泵及原油、污水外输泵橇,天然气计量设有计量橇。在井场的一侧设有高、低压天然气放空装置各1套。采油的计量采用二级分离器之后原油管道上流量计的读数和油罐装车拉运的数据相互校正。井场生产数据通过无线方式传输。若为丛式井井场,这些生产设施按照井数进行配置。因为这些生产设施均建在井场上，因此称之为井场小站。

该工艺处理后净化原油的质量指标为含水率低于0.1%，采用汽车罐车拉运至炼油厂，沉降后的污水拉运至专业处理厂集中处理。距离炼油厂较远的油田，如在位于美国北部威利斯顿（WILLISTON）盆地北达科他（NORTH DAKOTA）州西北部的巴肯（BAKKEN）油田，先用汽车罐车拉运至铁路装油站，再通过火车罐车拉运至炼油厂。只有少数油田井场的原油进入集输管网输送。

巴肯（BAKKEN）油田作为美国近30年来开发的最大油田之一，油田采用衰竭方式开采，油井垂直井深3000m，水平段延伸3000m，单井产油量23～32m^3/d，产水量11～16m^3/d，产气量（4.6～5.7）×$10^4 m^3$/d。原油集输流程采用井场小站工艺模式，每座井场都是一个独立的处理站。有的石油开发公司在井场设4座立式罐（1座水罐、3座油罐），有的设5座立式罐（2座水罐、3座油罐）。

位于得克萨斯（TEXAS）州米德兰（MIDLAND）盆地西北部的斯博瑞百瑞（SPRABERRY）油田自20世纪50年代发现以来，仅在较浅层投入开发并于20世纪60年代和90年代进行过水驱试验。直到2005年，美国先锋油气资源公司（PIONEER RESOUCES）进入该油田并控制了50%的区块面积，才进入大规模注水开发阶段。该油田开发井约2万口，井深3000m，井距300m，年产油1000×10^4t。该油田的原油集输流程也采用井场小站工艺模式，有的石油公司在井场上设3座立式罐（1座水罐、2座油罐），有的设5座立式罐（1座水罐、4座油罐）。有的井场小站只管辖1口油井，有的管辖的是丛式井；有的管辖的是一定范围内的3～16口井，这些油井的采出液通过短距离的管道接入一座井场小站集中处理。

2. 中心处理站工艺

以所调研的美国拜尔科瑞克（BELLE CREEK）油田为代表，其原油集输流程以中心处理站工艺为主。在系统布局上采用2级布站模式，即计量阀组间——中心处理站。

在这种流程中，油井采用单管集输工艺，油井采出液利用机械采油的剩余能量输至计量阀组间，阀组间内采用轮换计量工艺，计量数据以无线方式传输。为了计量准确，有的油井需要进行加热分离。油井采出液经计量阀组间计量后，自压输往中心处理站。中心处理站采用两级分离工艺，一级实现气、液两相分离，加热后二级实现油、气、水三相分离。分离出的原油经加热后进入脱水器进行热化学脱水，净化原油进入储油罐，合格原油外输，含水未达标的原油单独储存在超标油罐中，再输回脱水器处理。

二级分离器和脱水器分离出来的污水及储油罐的底水均进入水罐进行沉降分离，上部的原油进入储油罐，下部的污水进入净化水罐，然后外输。分离器和脱水器分离出来的天然气及油罐和水罐顶部析出的天然气，除供给本站作为燃料外，大部分经计量后进入天然气管道外输。

基本工艺流程如图2-5所示，中心处理站的一、二级分离器和脱水器均采用卧式容器。原油在进入二级分离器和脱水器之前，经过加热设施加热，二级分离之前加热至32℃，脱水之前加热至55℃。在与CO_2增压站合建的中心处理站，加热热源利用压缩机的级间余热，建有换热器，采用盘管方式换热，以实现余热利用。罐区有 3 座立式水罐和 4 座立式油罐，油罐中有 3 座是净化油罐，1 座是超标油罐。处理后的净化原油含水低于 0.1%，储存时间 8h。净化原油外输至管道公司，或者采用汽车罐车和火车罐车拉运至炼油厂。

水罐中 1 座是立式旋流沉降罐，沉降时间 4～5h，另外 2 座是净化水罐。污水以旋流形式进入沉降罐，主要是在 CO_2 驱的油田有利于 CO_2 的再次分离。由于水中含有 CO_2，沉降罐内壁设有防腐涂层。沉降后的污水经过滤装置过滤，处理后水质达到悬浮物粒径中值小于 3μm。水罐顶部采用 CO_2 密封隔氧，Cl^- 含量高的污水还要除 Cl^-。净化水大部分用于油田注水，少部分进行无效回灌。

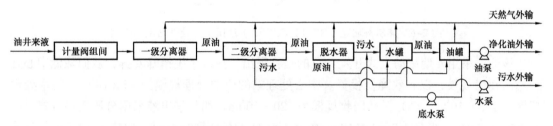

图 2-5　典型油田原油集输中心处理站主体工艺流程

另外，单井管道和计量阀组间管道埋地敷设，埋深 1.2m，在冻层以下，管道有防护层但不保温。采出、注入管道同沟敷设，管道进、出土角度为 45°。中心处理站站内管道架空敷设，设有伴热管道及保温层。在 CO_2 驱油田，纯 CO_2 介质输送、储存采用普通碳钢材质，油水介质输送、储存采用不锈钢或非金属材质。

中心处理站的电力由外部接入站内的变电站提供。中心处理站建有柴油发电机组，其负荷只考虑在事故状态下满足液体的输送，气体则采取应急放空措施处置。不单独设置事故罐，仅利用各罐正常运行液位和高液位之间的空间作为缓冲容积。

生产性建筑物均采用门式刚架轻型房屋钢结构；墙体为保温轻型钢板；基础采用夯实处理，一般比较浅。进站及站内道路均采用黏土混合碎石压实方式建设，属沙石路类型。站内设有循环路，且经过罐区，方便油、水的拉运。站场不设围墙。

生活饮用水需要到 30min 车程以外的城镇购买，非饮用水则由本站水源井提供。采暖利用天然气燃烧辐射供热，不采用水暖。

整个站区建有 0.5m 高土围堰；每个设备模块下建有一个水泥混凝土储池，容积只考虑检修时设备的放空容量；罐区附近设有防渗应急排放池，其容积不包括各个设备单独排污量的总和；控制室远离动力设备，并远离放空和事故排放设施；生产厂房内设有可燃气体报警装置和强制通风设施，当可燃气体泄漏时，通风装置和厂房门自动开启；站内仅建有火情控制报警设备和移动式灭火器，无自动灭火和固定灭火设施，主要依靠外部消防力量。

对于拜尔科瑞克（BELLE CREEK）油田，其位于蒙大拿（MONTANA）州，地处北纬 45°。该油田先期采用注水开发，为了提高采收率，进行了 CO_2 混相驱开采，利用老井井网补钻部分新井，形成了一套适用于 CO_2 驱的加密井网。目前，该油田共有油井 240 口，井深 2400m，井距 400m，以抽油机和自喷两种方式采油，单井平均产油量为 13m³/d，产水量为 47～64m³/d，含水率为 79%～83%。该油田的气候条件与大庆油田相似，工艺技术也较为典型，采用前述中心处理站工艺，工艺流程如图 2-6 所示。

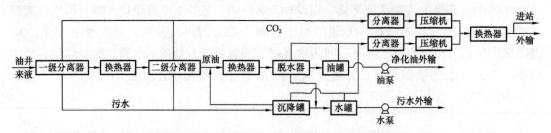

图 2-6　拜尔科瑞克（BELLE CREEK）油田中心处理站工艺流程

该油田采用 4 期滚动方式开发，目的是将采出、注入系统错峰安排，从而降低中心处理站的建设规模，以有效降低投资。中心处理站的原油处理规模为 75×10⁴t/a，污水处理规模为 275×10⁴t/a，CO_2 循环回收规模为 520×10⁴t/a。油井采出液采用分压集输方式，高压 2.7～4.8MPa，低压 0.7～1.4MPa。单井产液自压至计量阀组间，加热至 32℃进行气液分离后计量，产量每月计量一次。全区共建有计量阀组间 6 座，集输管道材质采用碳钢，并加内涂层，接头采用膨胀接头。

中心处理站除了要完成原油脱水任务外，还要对油井的气态产物 CO_2 和天然气进行分离，分离出的 CO_2 增压后用于注入回用，以减少商品 CO_2 的使用量。站内采用两级分离工艺分离 CO_2，根据系统压力情况分别设置压缩机。CO_2 注入压力为 14.5MPa，配有 3 台压缩机，设计能力分别为 70×10⁴m³/a、80×10⁴m³/a 和 160×10⁴m³/a。按照 20 年的使用寿命，综合投资与成本对各种压缩机进行经济比选后，选用了往复式压缩机。

中心处理站分离出的 CO_2 纯度可达 92%，不会对驱替中的混相界面造成影响。若 CO_2 纯度低至 80%，则需考虑混相效果对产量的影响及分离 CO_2 和天然气所需的投资，进行技术经济对比。纯度为 98% 的商品 CO_2 以超临界状态采用管输方式输送到本站，增压后与本站循环回收的 CO_2 混合，输往与计量阀组间合建的注入阀组注入井下。CO_2 与水交替注入，在注入阀组间内可进行切换。

中心处理站采用集中监控模式，建有中心控制室，全站操作人员约 20 人，采用两班倒，值班时定期巡检。由于地处严寒，为了给操作人员提供良好的工作环境，除了立式油、水罐和冷却塔之外，其他所有设备，包括分离器、脱水器、过滤罐、压缩机、换热器、机泵及工艺阀组等都安装在生产厂房内。

第二节　气液分离及设施

在生产井底高压作用下，原油中会含有大量的溶解气，也就是伴生气，当其被开采到地面时，由于压力的显著降低，这些伴生气会从原油中逸出，这就要求采取一些处理措施，在不损失原油的情况下将这些伴生气与原油分离。因此，采出液（油、气、水）分离是原油加工的首要任务。气液分离又是原油矿场处理中系列操作的第一步，气液分离器是完成这一任务的主要设施。油气田气液分离器根据需要分离的相数分为两相分离器和三相分离器两种类型，前者在油田中用于将气相从液体相中分离出来，在气田中则用于将气相从水相中分离出来；后者用于将气相从液相中分离出来、水相从油相中分离出来。总之，气液分离在于能够独立地对每一相进行处理、计量和加工，从而获得适销的产品。

一、油气两相分离

一般来说，油井采出液中的伴生气部分游离、部分溶解，在集输系统中应该降低采出液体系的压力和速度，以获得后续原油的分离和体系的稳定形式。这里即结合国外油田矿场实践介绍油气两相分离的原理、方法及设施。

1.油气分离概述

含有大量游离气和溶解气的高压原油从井口流入集油管线，集油管线将油井采出混合物输送至油气分离器，在分离器中，原油得以分离而沉降在分离器下部，气体比油轻，充满于分离器上部，具有高油气比的原油必须经过两段或两段以上的分离。气体从分离器顶部进入气体收集系统、蒸气回收装置或输气管线。原油则从分离器底部流出，有必要再处理时被输送到其他分离段，然后进入储油罐。原油在油气分离器中的流动是由于其自身压力，如图 2-7 所示，泵是用来把分离好的原油输送至油库或原油管道。图 2-8 描述了原油生产从一个阶段到另一个阶段的压降。

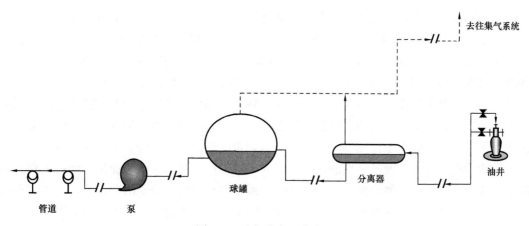

图 2-7　油气分离工艺流程

2.油气分离理论及方法

（1）分离理论。

为了理解将油井采出液中碳氢化合物混合物分离成天然气和原油的理论，为简单起见，假设此类混合物基本上包含 3 种主要的碳氢化合物基团：一种是轻组分基团，由 CH_4

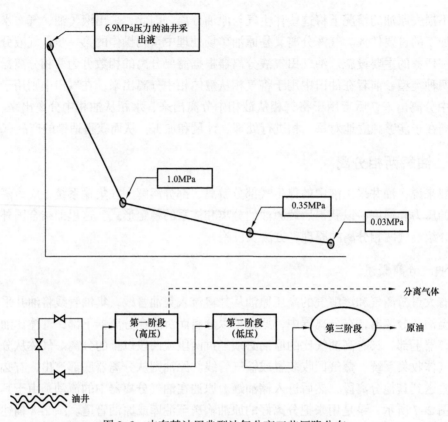

图 2-8　中东某油田典型油气分离工艺压降分布

（甲烷）和 C_2H_6（乙烷）组成；一种是中间基团，由丙烷 / 丁烷（C_3H_8/C_4H_{10}）基团和戊烷 / 己烷（C_5H_{12}/C_6H_{14}）基团组成；另一种是重质组分基团，也就是原油的主要成分，记为 C_7H_{16}。那么在进行油气分离过程中，主要就是将 C_1 和 C_2 轻质组分从原油中分离出来，并最大限度地回收原油中间基团中的重质组分，同时将重质组分保留在液相产物中。

在一定的温度和压力条件下，本来应处于液态的相对分子质量较大的物质，在多元体系中之所以能有分子进入气相，以及在纯态时呈气态的物质在多元体系中之所以能部分存在于液相中，其原因在于：在多元体系中，运动速度较高的轻组分分子在运动过程中，与速度低的重组分分子相撞击，使前者失去了原来可以使其进入气相的能量，而后者获得能量进入气相，这种现象称为携带效应。平衡体系压力较高时，分子的间距小，分子间吸引力大，分子需具备较大的能量才能进入气相。能量低的重组分分子进入气相更困难，所以平衡体系内气相数量较少，重组分在气相中的浓度也较低。如果在较高压力下把已分离成为气相的气体排出，便减少了体系中具有较高能量的轻组分分子，也就是改变了体系的组成，则在压力进一步降低时就减少了重组分分子被轻组分分子撞击、携带的概率。所以，气体排出越及时，后续携带蒸发的概率越少，多级分离正是能够获得较多的液体量，而且液相组成较合理（C_1 浓度低、C_{5+} 浓度高），每排一次气，就作为一级分离，有几次排气，就称作几级分离，典型的多级分离流程如图 2-9 所示。

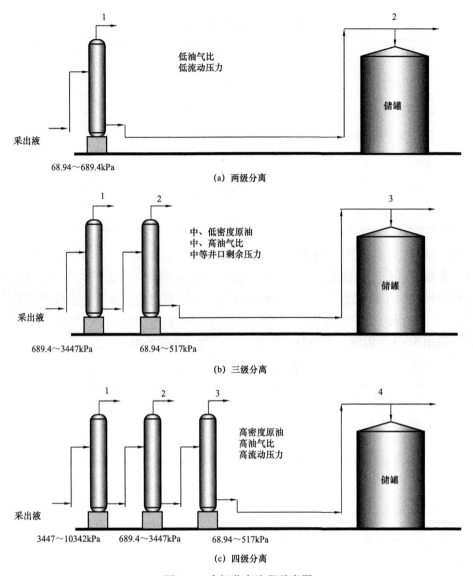

图 2-9　多级分离流程示意图

　　为了实现分离目标，一些中间基团会不可避免地损失到气流中，为了最大限度地减少这种损失，提高液相收率，这里比较两种具有代表性的机械分离方法，即连续分离和闪蒸分离。在连续分离中，随着采出液整体压力的降低，轻质组分在各级中不断地与原油进行完全的分离。连续分离的特征就是轻组分不与重组分接触，它们会自行逸出。在闪蒸分离中，从油相中逸出的气体与液相保持密切接触，由于这两相之间建立了热力学平衡，因此需要在一定压力下才能发生分离。表 2-3 为两种分离方法的机理比较，通过对比会发现在连续分离中，重烃类（中间基团和重质组分基团）的收率最大，原油在储罐中的体积收缩率最小，这可以解释为，大部分轻质组分气体的分离发生在早期的高压阶段，从而到了低压阶段，以轻质组分气体携带重组分的机会极大地减少。

表 2-3 分离机理的比较

项目	连续分离	闪蒸分离
工艺设置		
烃损失	低	高
级数	过多（可以达到100级）	少（2~4级）
商业应用	不适用	适用

因此，从理论上讲，闪蒸分离不如连续分离，因为前者由于平衡条件的关系，会有更多的重烃类被轻组分气体带走而发生损失。然而，工程实践中，基于连续分离概念的商业分离是非常昂贵的，并且由于其需要多级而并不是一种实用的方法，这也就排除了连续分离的可能性，使得使用少量级数的闪蒸分离成为油气分离的唯一可行方案。如表 2-4 所示，通过使用4~5 个闪蒸分离级数，以接近于连续分离的效果。

表 2-4 闪蒸和连续分离

闪蒸级数	接近于连续分离的百分比，%
2	0
3	75
4	90
5	96
6	98.5

（2）分离方法。

闪蒸分离工艺设备包括一系列在从井口压力到大气压力范围内运行的闪蒸分离器。作为常规分离方法的多级闪蒸分离系统适用于高压介质。一般来说，多级常规分离的级数是原油 API 度、油气比和流动压力的函数。正如图 2-9 所示，具有高油气比的高 API 度原油在高压下流动时将需要的级数最多（如从 3 级到 4 级）。然而，随着人们对天然气和天然气凝液回收需求的增加，其他一些对基本闪蒸分离工艺改进的方法相继被提出。如在常规方法基础上增加蒸气再压缩装置，或利用稳定剂和再压缩装置代替传统方法。

对于在常规方法基础上增加蒸气再压缩装置的改进，指的是增加几级气体压缩，以重新压缩从每个闪蒸阶段分离出的气体。压缩机之间级间容器中的液相可以作为液化天然气的原料进行收集和处理，天然气则根据其用途在合理的压力下输送。对于利用稳定剂和再压缩装置代替传统方法的改进，其在概念上不同于常规分离，它利用原油稳定塔，这些塔顶部进料盘没有精馏段和冷凝器，但配有级间重沸器和进料预热器。如果空间大小是关键，那么这种原油稳定系统作为油气分离是有利的，就像在海上平台会遇到的情形，它们的占地空间较常规油气分离器小。

3.油气分离设备

油气分离器通常按照操作结构来划分，包括卧式分离器、立式分离器和球形分离器。卧式分离器的直径从 0.254～0.305m 到 4.57～4.88m，接缝长从 1.22～1.52m 到 18.29～21.34m，采用单管和双管壳制造；立式分离器的直径从 0.254～0.305m 到 3.04～3.66m，接缝长从 1.22～1.52m 到 4.57～7.62m。球形分离器的直径通常为 0.61～0.76m 到 1.68～1.83m。

根据分离功能，油气分离器又可分为气液两相分离器和油气水三相分离器，也可分为一级分离器、测试分离器、高压分离器、低压分离器和除气器等。分离性能可以通过携液率和携气率来评价，携液率和携气率受流量、流体性质、容器结构、内部元件及控制系统等诸多因素的影响。

大多数气液分离器的气体容量是在除去一定尺寸液滴的基础上确定的，液体容量大小则必须是提供足够的停留时间，使气泡形成并使其分离出来。分离器内部元件可以通过流量分布，液滴与气泡的剪切、聚结，泡沫的形成、混合及液位的控制等因素显著影响油气分离器的操作性能。

通常来说，井口采出液流经的第一个容器将是这些分离器，在某些特殊情况下，其他设施（如加热器、水分离罐）可能安装在分离器的上游。常规分离器的基本特点是降低流速，允许气相和液相在重力作用下分离，其工作温度点始终高于流动气相形成水合物的温度。在给定的操作条件下，处理含水或不含水油气混合物及在具体应用时关于分离器的选择通常按照图 2-10 所示的分类进行。

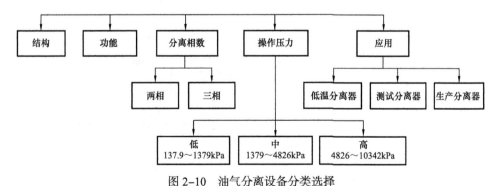

图 2-10　油气分离设备分类选择

（1）油气分离器功能组件。

无论油气分离器的结构如何，它们通常都是由四个功能部分构成，第一部分是油气初始分离段，进入油气分离器的液体混合物触发入口分流器，引起混合物动量突变，并且由于密度差，使得气体从原油中分离，然后气体汇入分离器的顶部、原油流向下部；第二部分是重力沉降和分离段，由于气相速度和密度差大幅度降低，油滴从气相中沉降并分离；第三部分是除雾段，从气流中除去重力沉降和分离段没有去除的细小油滴；第四部分是集液段，主要是收集原油，并使其充分停留，以便其从分离器排出之前与气相达到平衡。

如图 2-11 所示，油气分离的两步核心机理为：① 从气相中将尽可能多的原油分离，密度差是其主要作用机制，在分离器的高压操作条件下，原油的密度大约是气体的 8 倍，这便成为液滴分离和沉降的驱动力，对于直径不小于 100μm 的大液滴尤其如此，对于较小的液滴，往往需要除雾器；② 从原油中回收可能夹带的任何非溶解气，实现这一过程的方法有沉降、搅拌、加热和使用化学剂。

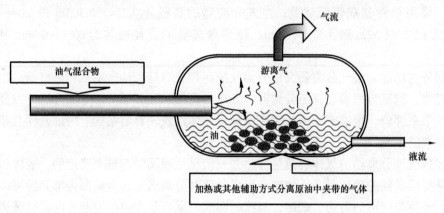

图 2-11　油气分离两步机理描述示意图

（2）商用油气分离器。

如前所述，根据结构特征，最常见的油气分离器类型为卧式、立式和球形，分别如图 2-12 至图 2-14 所示。表 2-5 对这 3 种类型油气分离器进行了简要比较。在国外油田，大型卧式油气分离器主要在中东地区采出液中应用，中东地区油田的油气比高。多级油气分离器通常由 3 个或以上分离器组成，这里针对特定应用的分离器进行简要描述。

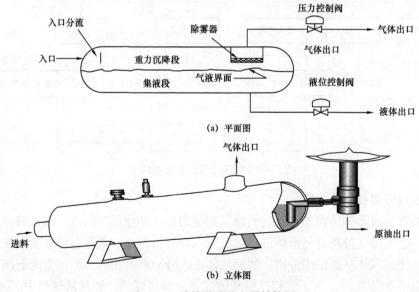

图 2-12　单筒卧式分离器结构图

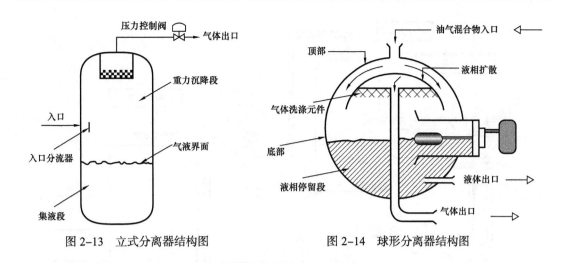

图 2-13 立式分离器结构图   图 2-14 球形分离器结构图

表 2-5 不同结构油气分离器的比较

功能	立式结构	卧式结构	球形结构
用途	低油气比	高油气比	适用于小型租赁，在压力适中条件运行
进出口流位置			
容量或效率	适宜大液量	适宜大气量	额定容量小、效率低
分离效率	排第二	排第一	排第三
中东地区使用排名	排第二	排第一	排第三
处理含泡沫原油	排第二	排第一	排第三
维护检修	非常困难	可接受	平均水平
投资成本	平均水平	最便宜	最昂贵
安装便捷性	最困难	平均水平	容易安装

① 测试分离器。

测试分离器用于同时分离和计量油井采出液。电位测试作为一种公认的测试方法应用在测试分离器中，测量油井在稳定运行状态下 24h 内的油气产量。如图 2-15 所示，分离出的油通过分离器液体出口处的流量计（通常是涡轮流量计）计量，累积的油产量在接收罐中计量；分离器气体出口处的孔板流量计计量产气。这种分离器还可以测定原油的物理性质和油气比。

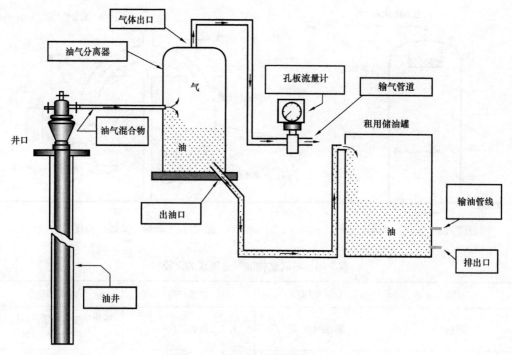

图 2-15　测试分离器结构示意图

② 低温分离器。

低温分离器用于有效去除高压气流（凝析气进料）中的轻质可凝烃。通过在分离前冷却气流，可以实现凝液分离。当井口采出液通过减压节流阀进入分离器时，通过膨胀井口采出液的焦耳—汤姆逊效应来降低温度，在 –18～–12℃的温度范围内，发生冷凝。

③ 一体化分离器。

油气分离器的首要功能是从原油中分离伴生气，但随着采出原油中含水量的增加，就需要增加控制或消除水分的设施单元，这标志着油气分离器的第二个功能。而如果原油中高含盐量引发的腐蚀需引起关注，那么脱盐单元可以作为第三个功能纳入一体化油气分离器的设计中。

一体化油气分离器进料含水原油包含原油、烃类气体、以较大液滴形式分散在原油中的游离水、以小液滴形式分散在原油中的乳化水及溶解于游离水和乳化水中的盐类。一体化油气分离器就是从原油中分离烃类气体、从原油中脱除水分、降低盐含量至可接受的水平。需要指出的是，在将气体送往天然气处理厂之前，一些一体化油气分离器还会有压缩和制冷设施处理单元。如图 2-16 所示，油井采出液在一体化油气分离器中经历油气两相分离、油水两相分离而获得所期望的原油，不过关于油气水三相分离，在后面还将详细介绍。

（3）油气分离器控制器及内部组件。

① 液位控制器。

液位控制器用于将分离器中的液位维持在固定高度。简单地说，它由一个存在于气液

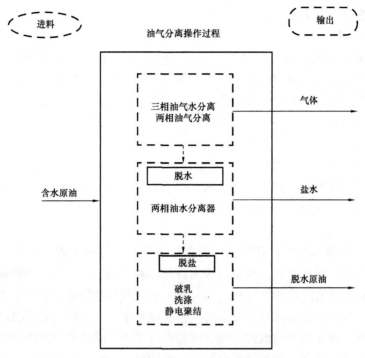

图 2-16 一体化分离器功能描述

界面的浮球组成，并向出油口的自动隔膜电动阀发送信号，该信号使阀门打开或关闭，从而允许或多或少的液相流出分离器，以保持分离器中的液位。

②压力控制阀。

压力控制阀是存在于气流出口的自动回压阀。该阀门设定在一个规定压力，它将自动打开或关闭，允许或多或少的气体流出分离器，以保持分离器内的固定、平稳压力。

③减压阀。

减压阀是一种安全装置，当分离器内的压力超过设计安全限值时，它会自动打开以排出分离器中的气体。

④除雾器。

除雾器的功能是在气体离开分离器之前，将其中非常细小的液滴去除。有多种类型的除雾器，包括丝网除雾器、叶片除雾器和离心式除雾器等。丝网除雾器是由精细编织的不锈钢丝制成，包裹在一个紧密包装的圆筒中，圆筒厚度约为 15cm。在分离器的重力沉降段中未分离的液滴聚结在磨砂钢丝的表面上，使得无液相的气体离开分离器。随着液滴尺寸的增大，它们落入液相中。在气体流速较低的情况下，丝网除雾器可以去除约 99% 的 $10\mu m$ 或更大的液滴。应该注意的是，这种类型的除雾器由于石蜡的沉积或通过除雾器的气体中夹带大液滴而容易堵塞，在这种情况下，就应使用叶片式除雾器。叶片式除雾器由一系列紧密间隔的平行波纹板组成，当气体和夹带的液滴在板间流动时，由于遇到波纹板表面而改变流动方向，液滴碰撞波纹板表面，聚结并落入集液段。离心式除雾器是用离心力将液滴从气体中分离出来，虽然他较其他方法更有效、更不易堵塞，但由于其对流量微小变化的敏感性，因此不常用。

⑤ 入口分流器。

入口分流器是用来引起液相和气相初分离的单元，最常见的类型是挡板分流器，它的形状可以是平板、球形碟面或锥形。另一种类型是离心式分流器，它更有效率，但是比较昂贵。这种分流器使进入分离器的介质动量发生迅速突变，再加之液相和气相的密度差异，便实现了分离。

⑥ 消波器。

在相对长的卧式分离器中，可能在气液界面处产生波浪，这会造成液位的不稳定波动，并对液位控制器的性能产生不利影响，为了避免这种情况，便可使用垂直于流动方向安装的由垂直挡板构成的消波器。

⑦ 消泡板。

由于原油的类型和存在的杂质，可能在气液界面处形成泡沫，这些泡沫会在分离器中占据很大的空间，除非分离器规格足够大，允许泡沫的存在，否则会显著降低分离器效率。同时，泡沫密度介于液相和气相之间，会对液位控制器的操作带来干扰。另外，如果泡沫体积增大，就会夹带在离开分离器的气相和液相中。气体带出液相的过程被称为液体携带，这种情况一般是由于高液位，或是液相出口堵塞，或是液相容量大而分离器的尺寸过小；液相中夹带气体的过程被称为窜气，这种情况一般由于液位较低、分离器气体容量小、或在液相出口处形成了涡流。

在分离器内安装消泡板可以有效地缓解泡沫问题，消泡板基本上是一系列倾斜的、间距很近的平行板，泡沫通过这些板的流动导致气泡的合并及液相从气体中的分离。在某些情况下，可以添加消泡剂来解决泡沫问题，但当产液量很大时，消泡剂的成本问题可能会难以接受。

⑧ 消涡器。

通常在液相出口安装一个消涡器以防止液相出口阀打开时形成涡流，这种在液相出口处形成的涡流可能导致窜气。

⑨ 射流除砂。

油井出砂会沉淀并积聚在分离器的底部，这会占用分离器的空间并破坏分离效率。在这种情况下，立式分离器的使用将优于卧式分离器。但是，当矿场需要卧式分离器时，分离器则应装配沿分离器底部布设的射流除砂系统。通常的做法是，采出水通过射流注入流化分离器底部积聚的砂，然后通过排水管排出。

4. 油气分离器的设计原则和尺寸确定

在假设油气分离过程中不产生泡沫，原油凝点、水合物生成临界温度均低于操作温度，可分离最小液滴呈球形、直径为 $100\mu m$，分离气体携液低于 $0.0134m^3/10^6m^3$ 的条件下，介绍油气分离器的相关设计。

（1）理论基础。

对于一个油气分离器，液相和气相密度差（$\rho_o - \rho_g$）是设计其气相容量的基础。用以从原油中分离出气相的停留时间在 30s～3min，在起泡条件下则考虑更长的时间（5～

20min），停留时间表示为 V/Q，V 为液相所占容器的体积，Q 为液相流速。在重力沉降段，当作用在油滴上的重力 F_g 平衡周围流体或气体施加的阻力 F_d 时，油滴将沉降。对于立式分离器，油滴通过反向于向上流的气流向下沉降而分离；对于卧式分离器，当液滴流经分离器时，路径呈现出弹状轨迹形状；对于立式分离器，气相容量与分离器的横截面积成正比；而对于卧式分离器，气相容量与分离面积（LD，即长度 × 直径）成正比。

（2）油滴沉降。

油滴与气体在分离器的重力沉降段分离时，油滴与气体之间存在相对运动。油滴的密度比气体大得多，在重力或浮力的作用下倾向于垂直向下运动，油滴将加速，气体在相反的方向给其施加阻力，直至阻力接近并平衡于重力，此后，油滴以恒定速度降落，也就是发生沉降。这种阻力与垂直于气流方向的油滴表面积及其单位体积动能成正比，因此

$$F_d = C_d \frac{\pi}{4} d^2 \frac{\rho_g u^2}{2} \tag{2-5}$$

又

$$F_g = \frac{\pi}{6} d^3 \left(\rho_o - \rho_g \right) g \tag{2-6}$$

式中 　C_d——阻力系数；

　　　　d——油滴直径，ft；

　　　　u——油滴的沉降速度，ft/s；

　　　　ρ_o——油相密度，lb/ft³[❶]；

　　　　ρ_g——气相密度，lb/ft³；

　　　　g——重力加速度，ft/s²。

当 $F_g = F_d$ 时，达到沉降速度 u，此时

$$u^2 = \frac{8}{6} g \frac{\left(\rho_o - \rho_g \right)}{\rho_g} \frac{d}{C_d} \tag{2-7}$$

而油滴直径通常以微米（μm）为单位表达，并代入 $g=32.17\text{ft/s}^2$，也就有

$$u = 0.01186 \left[\frac{\left(\rho_o - \rho_g \right)}{\rho_g} \frac{d_m}{C_d} \right]^{1/2} \tag{2-8}$$

式中 　d_m——最小油滴直径，μm。

在设计油气分离器时，通常取重力沉降段气体中最小油滴尺寸为 100μm。在这种情况下，除雾器能够在不被浸没的条件下去除小于 100μm 的油滴。还有一些特殊的分离器称为气体洗涤器，通常用于从已经经过了常规气液分离器的气流中除去液体。如这类分离器通常用于气体压缩机和气体脱水设施的入口，由于液体量很小，这种气体洗涤器的设计可

---

❶ 1lb = 0.454kg；1ft = 0.305m。

以基于在重力沉降段分离高达 500μm 尺寸的液滴，而没有除雾器被淹没的风险。

（3）分离器气体容量。

油气分离器可处理的气体体积流量与悬浮油滴不被携带的最大允许气体流速和流动横截面积直接相关。

$$Q_g = A_g u \qquad (2-9)$$

式中　Q_g——实际分离器压力和温度下的气体体积流量，ft^3/s；

　　　A_g——气体流动有效面积，ft^2。

通常是报告标准压力和温度下的体积流量，且 Q_g 以 $10^6 ft^3/d$（标准状况下）为单位表达。因此，式（2-9）可以写成

$$Q_g = \left(10^{-6} \times 60 \times 60 \times 24\right) A_g u \frac{p}{14.7} \frac{520}{1.8TZ}$$

即

$$Q_g = 3.056 \frac{p}{1.8TZ} u A_g \qquad (2-10)$$

得到气体流速 u

$$u = 0.327 Q_g \frac{1.8TZ}{p} \frac{1}{A_g} \qquad (2-11)$$

式中　u——气体流速，ft/s；

　　　Q_g——标准压力和温度下的体积流量，$10^6 ft^3/d$；

　　　p——操作压力，psi❶；

　　　T——操作温度，K；

　　　Z——操作压力和温度下的气体压缩系数。

（4）分离器液体容量。

分离器中原油流量或原油容量 Q_o、原油占据分离器的体积 V_o 和停留时间 t 之间的基本关系为

$$Q_o = \frac{V_o}{t} \qquad (2-12)$$

式中　Q_o——液相原油流量，ft^3/min；

　　　V_o——原油占据分离器的体积，ft^3；

　　　t——停留时间，min。

若按照 $1ft^3/min$ 等于 257bbl/d，则将单位表达为桶 / 天（bbl/d）的分离器液相原油流量为

$$Q_o = 257 \frac{V_o}{t} \qquad (2-13)$$

---

❶ 1psi = 6.895kPa。

（5）立式油气分离器尺寸确定。

包括直径、高度或长度在内的分离器尺寸通常由其所需的气体容量和液体容量来确定。

① 气体容量约束。

对于立式分离器，向上的平均气体速度不应超过尺寸最小的油滴的沉降速度，也就是满足

$$0.327Q_g \frac{1.8TZ}{p} \frac{1}{A_g} = 0.01186 \left[\frac{(\rho_o - \rho_g) d_m}{\rho_g} \frac{}{C_d} \right]^{1/2} \tag{2-14}$$

代入 A_g：

$$A_g = \frac{\pi}{4} \left(\frac{D}{12} \right)^2 \tag{2-15}$$

则

$$D^2 = 5058 Q_g \frac{1.8TZ}{p} \left[\frac{\rho_g}{(\rho_o - \rho_g)} \frac{C_d}{d_m} \right]^{1/2} \tag{2-16}$$

式中 D——分离器的内径，in❶。

式（2-16）提供了分离器的最小可接受直径。直径越大，气体速度越低，油滴与气体的分离效果越好。另一方面，分离器较小直径导致的较高气体速度会增加对液滴的携带。

显然，在求解式（2-16）时，必须首先确定阻力系数 C_d 的值。而 C_d 与雷诺数 Re 有关：

$$C_d = 0.34 + \frac{3}{Re^{0.5}} + \frac{24}{Re} \tag{2-17}$$

其中

$$Re = 0.0049 \frac{\rho_g d_m u}{\mu_g} \tag{2-18}$$

式中 μ_g——气体黏度，cP。

通过迭代过程来确定：首先假设一个 C_d 的值（可以将 0.34 作为第一个假设值），然后利用式（2-8）计算速度 u，利用式（2-18）计算雷诺数 Re，接着据式（2-17）计算 C_d，并与假设值进行比较，如果不符合，用 C_d 的计算值代替开始的假设值，重复上述步骤，直至收敛。

② 原油容量约束。

原油必须在分离器内停留特定的时间 t，原油所占据分离器的体积 V_o 通过横截面积乘以原油液位高度 H 获得，于是式（2-13）可以写为

❶ 1in = 2.54cm。

$$Q_o = 257 \frac{\pi}{4} \left(\frac{D}{12}\right)^2 \frac{H}{12} \frac{1}{t} \qquad (2-19)$$

也就是

$$D^2 H = 8.565 Q_o t \qquad (2-20)$$

式中　H——分离器中原油液位高度，in。

③尺寸确定程序。

综上，立式分离器直径、接缝长度或高度的确定程序为：首先利用式（2-16）确定最小允许分离器直径；然后，对于大于最小允许值的直径，利用式（2-20）确定分离器内径 D 和分离器中原油液位高度 H 的组合；接着，对于 D 与 H 的组合，确定接缝长度 L_s（ft）：

$D < 36\text{in}$ 时

$$L_s = \frac{H + 76}{12} \qquad (2-21)$$

$D > 36\text{in}$ 时

$$L_s = \frac{H + D + 40}{12} \qquad (2-22)$$

对于 D 和 L_s 的每一种组合，长度与直径的比都是确定的，通常选择其比值在 3~4 的分离器。

（6）卧式油气分离器尺寸确定。

与立式分离器一样，卧式分离器的直径和长度由其需求的气体容量和液体容量决定。立式分离器的气体容量界限决定了分离器的最小允许直径。但对于卧式分离器，气体容量约束形成了分离器直径和有效长度之间的关系，这与从液体容量约束得到的类似关系一起用于确定分离器的尺寸。实际上，无论是气体容量界限还是液体容量界限都决定着分离器的设计，两个约束关系中的其中一个用于确定尺寸。假设气相和油相各占分离器有效容积的 50% 时进行下面的讨论，在两相所占据分离器有效容积为 50% 以上或以下的其他情况下，也可以进行相似的讨论，并得到相似的方程。

①气体容量约束。

由于气体占据分离器的上半部分，其在分离器内的平均流速 u_g 就可通过将气体体积流量 Q_g 除以分离器横截面积的一半得到：

$$u_g = \frac{Q_g}{0.5[(\pi/4)D^2]} \qquad (2-23)$$

这里，将以 $10^6 \text{ft}^3/\text{d}$（标准状况下）为单位表示的气体体积流量 Q_g 转换为实际的以 ft^3/s 为单位表示的气体体积流量，将通常以 in 为单位表示的内径转换为以 ft 为单位表示的内径，便得到以 ft/s 为单位表示的气体流速：

$$u_{\mathrm{g}} = 120 \frac{Q_{\mathrm{g}}}{D^2} \frac{1.8TZ}{p} \qquad (2\text{-}24)$$

气体经过分离器水平方向有效长度 L（ft）的时间 t_{g} 为

$$t_{\mathrm{g}} = \frac{L}{u_{\mathrm{g}}} \qquad (2\text{-}25)$$

这个时间至少应等于要从气体中除去的最小油滴经过分离器直径一半距离而到达油气界面所需的时间。沉降时间 t_{s} 可通过将距离（$D/2$）除以式（2-8）中的沉降速度得到：

$$t_{\mathrm{s}} = \frac{D}{2 \times 12} \left\{ 0.01186 \left[\frac{(\rho_{\mathrm{o}} - \rho_{\mathrm{g}}) d_{\mathrm{m}}}{\rho_{\mathrm{g}}} \frac{d_{\mathrm{m}}}{C_{\mathrm{d}}} \right]^{1/2} \right\}^{-1} \qquad (2\text{-}26)$$

联立式（2-25）和式（2-26）：

$$LD = 422 \frac{1.8TQ_{\mathrm{g}}Z}{p} \left[\frac{\rho_{\mathrm{g}}}{(\rho_{\mathrm{o}} - \rho_{\mathrm{g}})} \frac{C_{\mathrm{d}}}{d_{\mathrm{m}}} \right]^{1/2} \qquad (2\text{-}27)$$

式（2-27）提供了满足气体容量约束的分离器直径和分离器水平方向有效长度之间的关系，满足该式的分离器直径 D 和水平方向有效长度 L 的任何组合都可确保所有直径不小于 d_{m} 的油滴在分离器操作中从气体中沉降下来。

② 原油容量约束。

油气分离器必须有足够的容积来保证液相原油的停留时间，对于半满液相原油的卧式分离器，液相原油所占的体积 V_{o}（ft³）为

$$V_{\mathrm{o}} = 0.5 \frac{\pi}{4} \left(\frac{D}{12} \right)^2 L \qquad (2\text{-}28)$$

代入式（2-13），得

$$DL^2 = 1.428 Q_{\mathrm{o}} t \qquad (2\text{-}29)$$

式（2-29）便提供了满足原油容量（停留时间）约束的分离器内径 D 和水平方向有效长度 L 之间的另一种关系。

③ 尺寸确定程序。

对于给定的一组操作条件，包括压力、温度、气体和原油流速、气体和原油性质，以及原油停留时间，卧式分离器尺寸的确定程序为，首先，假设不同的分离器直径 D，对每个假设值 D，由式（2-27）确定满足气体容量约束的有效长度 L_{g}，并按式（2-30）计算接缝长度 L_{s}（ft）：

$$L_{\mathrm{s}} = L_{\mathrm{g}} + \frac{D}{12} \qquad (2\text{-}30)$$

然后，对每个假设值 D，由式（2-29）确定满足原油容量约束的有效长度 L_o，并按式（2-31）计算接缝长度 L_s（ft）：

$$L_s = \frac{4}{3} L_o \qquad (2\text{-}31)$$

对于每个 D 值，将 L_g 和 L_o 值进行比较，以确定气体容量约束还是原油容量约束主控着分离器的设计，其中以较大者起主控作用。最后，选择 D 和 L_s 的合理组合，以使长度与直径的比值在 3~5，综合成本因素便决定最终的选择。

利用上述方法便可以有效确定分离器的直径、长度，以及对已有分离器的性能进行一些评估，即便在使用一些商用软件来设计时，设计之前也应熟悉这些设计理论和设计程序。其中，停留时间是设计油气分离器的重要参数，往往需要模拟矿场操作条件通过实验室测试以更可靠地获取。然而，测试中的很多限制性也使得国外油田在设计中更多是参考其他油田的经验和数据。

（7）油气分离器尺寸确定案例。

以下是国外油田矿场生产操作条件下设计油气分离器的案例。

① 立式分离器设计。

案例操作条件：气体流量为 $15 \times 10^6 \text{ft}^3$，气体相对密度为 0.6，原油流量为 3000bbl/d，原油密度为 35°API，操作压力为 985psi，操作温度为 288.7K，停留时间为 3min。

据此，设计一个立式分离器，确定其直径和高度（接缝长度）。

在温度 288.7K 和压力 985psi 的条件下，对于相对密度为 0.6 的气体：

$$Z = 0.84$$

$$\mu_g = 0.013\text{cP}$$

则

$$\rho_g = 2.7\gamma \frac{P}{1.8TZ} = 2.7 \times 0.6 \times \frac{1000}{1.8 \times 288.7 \times 0.84} = 3.708\text{lb/ft}^3 \qquad (2\text{-}32)$$

$$\rho_o = \rho_w \gamma_o = 62.4 \times \frac{141.5}{131.5 + 35} = 53.03\text{lb/ft}^3 \qquad (2\text{-}33)$$

假设 C_d=0.34：

$$
\begin{aligned}
u &= 0.01186 \left[\frac{(\rho_o - \rho_g)}{\rho_g} \frac{d_m}{C_d} \right]^{1/2} \\
&= 0.01186 \times \left[\frac{(53.03 - 3.708)}{3.708} \times \frac{100}{0.34} \right]^{1/2} \\
&= 0.7418\text{ft/s}
\end{aligned}
\qquad (2\text{-}34)
$$

$$Re = 0.0049 \frac{\rho_g d_m u}{\mu_g} = 0.0049 \times \frac{3.708 \times 100 \times 0.7418}{0.013} = 103.67 \qquad (2-35)$$

$$
\begin{aligned}
C_d &= 0.34 + \frac{3}{Re^{0.5}} + \frac{24}{Re} \\
&= 0.34 + \frac{3}{(103.67)^{0.5}} + \frac{24}{103.67} \\
&= 0.8660
\end{aligned}
\qquad (2-36)
$$

用该计算得到的 C_d 值重复上述步骤，得到新的 C_d 值，继续重复上述步骤，直至收敛，得到 C_d 的最终值为 1.1709。

以分离直径为 $100\mu m$ 的油滴为例，分析气体容量约束：

$$
\begin{aligned}
D^2 &= 5058 Q_g \frac{1.8TZ}{p} \left[\frac{\rho_g}{(\rho_o - \rho_g)} \frac{C_d}{d_m} \right]^{1/2} \\
&= 5058 \times 15 \times \frac{1.8 \times 288.7 \times 0.84}{1000} \times \left[\frac{3.708}{(53.03 - 3.708)} \times \frac{1.1709}{100} \right]^{1/2} \\
&= 5.058 \times 15 \times \frac{1.8 \times 288.7 \times 0.84}{1000} \left[\frac{3.708}{(53.03 - 3.708)} \times \frac{1.1709}{100} \right]^{1/2} \\
&= 983.246
\end{aligned}
\qquad (2-37)
$$

相当于分离直径 $100\mu m$ 油滴的最小允许分离器直径为 $D_{min}=31.357in$。

分析液体容量约束，有

$$D^2 H = 8.565 Q_o t = 8.565 \times 3000 \times 3 = 77805 \qquad (2-38)$$

此时，选择 D 大于 31.357in 的值，由式（2-38）计算得出相应 H 的值，同时计算相应 L_s 的值，或从式（2-22）计算 $D>36in$ 的 L_s 的相应值，得到 7 组表 2-6 所示的结果。

表 2-6　立式分离器案例设计结果

编号	D, in	H, in	L_s, ft	长度与直径比
1	36	60.03	11.34	3.78
2	42	44.10	10.51	3.00
3	48	33.77	10.15	2.54
4	54	26.68	10.06	2.23
5	60	21.61	10.13	2.03
6	66	17.86	10.32	1.88
7	72	15.01	10.58	1.76

可以看出，前两个直径选择提供了常用范围内的长度与直径比，所以，两种设计尺寸都是可接受的。当然，与规格为直径 42in、接缝长度 11ft 的分离器相比，应首选规格为直径 36in、接缝长度 12ft 的分离器，因为后者在国外油田是一个标准化装置，成本更低。

② 卧式分离器设计。

案例操作条件：气体流量为 $15 \times 10^6 \text{ft}^3$，气体相对密度为 0.6，原油流量为 3000bbl/d，原油密度为 35°API，操作压力为 985psi，操作温度为 288.7K，停留时间为 3min。

据此，设计一个卧式分离器，确定其直径和接缝长度。

首先，由前例知：

$$\mu_g = 0.013 \text{mPa} \cdot \text{s}$$

$$\rho_g = 3.708 \text{lb/ft}^3$$

$$\rho_o = 53.03 \text{lb/ft}^3$$

$$Z = 0.84$$

$$C_d = 1.1709$$

分析气体容量约束：

$$
\begin{aligned}
LD &= 422 \frac{1.8TQ_g Z}{p} \left[\frac{\rho_g}{(\rho_o - \rho_g)} \frac{C_d}{d_m} \right]^{1/2} \\
&= 422 \times \frac{15 \times 1.8 \times 288.7 \times 0.84}{1000} \times \left[\frac{3.708}{(53.03 - 3.708)} \times \frac{1.1709}{100} \right]^{1/2} = 82.04
\end{aligned}
\tag{2-39}
$$

分析液体容量约束（即停留时间），有：

$$DL^2 = 1.428 Q_o t = 1.428 \times 3000 \times 3 = 12852 \tag{2-40}$$

此时，假设 D 值，并确定气体容量约束下对应的分离器有效长度 L_g 和液体容量约束下对应的分离器有效长度 L_o，得到 5 组表 2-7 所示的结果。

表 2-7 卧式分离器案例设计结果

编号	D, in	L_g, ft	L_o, ft	长度与直径比
1	30	2.73	14.28	7.62
2	36	2.28	9.92	4.41
3	42	1.95	7.29	2.78
4	48	1.71	5.58	1.86
5	54	1.52	4.41	1.31

此案例中，原油容量约束主控着分离器的设计，结合长度与直径比分布，直径为 36in、42in 的分离器是仅有的选择，推荐的分离器规格便为直径 36in、接缝长度 14ft。

通过对比两个设计案例，在相同的矿场操作条件下，相同直径但高度相对较小的立式油气分离器更为适合，这种情况下，除非有其他选择卧式油气分离器的操作需求，否则就应设计立式油气分离器。

5. 油气分离器的最佳操作压力

为了理解一般情况下操作压力对油气分离的影响，首先考虑单级分离加一个储罐的情况。在高压操作时，将减少油气进料中轻烃汽化和分离的机会，然而，一旦液流进入大气压下或接近大气压下运行的储罐，由于高的压降而发生剧烈的闪蒸，重烃会随之发生严重损失而进入到气相中。在低压操作时，大量轻烃会从油气分离器中分离出来，并携带重烃，造成回收油的损失，在液流进入储罐时，由于大部分轻质组分气体在分离器中已分离，因此重质组分被携带损失就相对非常小。所以，必须选择适当的工作压力，以便最大限度地提高原油的收率。

基于 Rault 定律和 Dalton 定律，对于多组分碳氢化合物混合物，在液相中，每个组分 i 施加的分压（p_i^l）与其蒸气压（p_i^0）和摩尔分数（X_i）有关：

$$p_i^l = p_i^0 X_i \qquad (2-41)$$

在气相中，气体混合物中组分 i 的分压（p_i^v）与其摩尔分数（Y_i）和总压力（p_t）有关：

$$p_i^v = p_t Y_i \qquad (2-42)$$

在给定的 T 和 p 条件下，由于气液处于密切接触状态，存在热力学平衡，从而，气相中组分的分压等于液相中该组分的分压，于是得到以下关系：

$$\frac{p_i^0}{p_t} = \frac{Y_i}{X_i} = K_i \qquad (2-43)$$

式中　p_i^v——混合物中组分 i 的分压；

　　　p_i^0——纯组分 i 的蒸气压；

　　　X_i——组分 i 在液相中的摩尔分数；

　　　Y_i——组分 i 在气相中的摩尔分数；

　　　p_t——分离器内体系的总压力。

显然，如果体系总压力增加，气相的摩尔分数必然减小，换言之，随着油气分离器内压力的增加，汽化趋势减弱。

（1）三级油气分离的压力分布。

在确定一个三级组成（高压分离器、中压分离器和低压分离器）的油气分离单元的最佳操作压力时，第二级压力可以自由变化，但往往需要优化；第一级压力由于矿场的流动条件，通常是固定的；第三级压力在矿场条件下也是固定的。因此，操作油气分离器的最佳压力定义为第二级压力，第二级压力影响着分离后原油的收率和油气比。

一般来说，345～690kPa 的压力被认为是第二级操作的最佳值，而第三级的最小压力一般在 170~345kPa。

（2）第二级分离器最佳操作压力的确定。

有 3 种方法可以用于确定三级油气分离中第二级分离器的最佳操作压力。

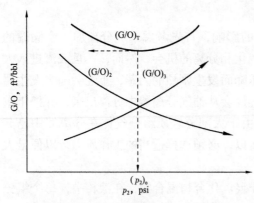

图 2-17　三级油气分离器气油比（G/O）随第二级分离器压力（p_2）的变化

① 实验测试。

这种方法在于分析离开分离器的气体组分，确定一些关键组分（如 C_{5+}）的含量。在增加第二级分离器的压力时，分别计算第二级分离器和第三级分离器的气油比。图 2-17 给出了第二级分离器压力（p_2）与气油比（G/O）的关系，可以看出，随着压力的增加，由于 C_{5+} 的冷凝作用增强，第二级分离器气油比（G/O）$_2$ 降低；而又由于第二级分离器和第三级分离器之间的压差增大，导致更多的烃类从第三级分离器中蒸发，所以第三级分离器气油比（G/O）$_3$ 增加。最佳操作压力便是使总气油比（G/O）$_T$ 取得最小时对应的值。

② 近似公式。

式（2-44）可用于确定第二级分离器的最佳操作压力（p_2）。：

$$(p_2)_o = (p_1 p_3)^{0.5} \tag{2-44}$$

显然，（p_2）$_o$ 是 p_1 和 p_3 的函数。

例如，对于组成（以摩尔分数计）为 $C_1 = 0.4$、$C_2 = 0.2$、$C_3 = 0.1$、$C_4 = 0.1$、$C_5 = 0.1$、$C_6 = 0.05$ 和 $C_7 = 0.05$ 的采出介质，运用三级油气分离方式进行油气分离，最后一级在常压（$p_3 = 101.35$kPa）下操作，第一级分离器固定在 3447.38kPa 的压力（$p_1 = 3447.38$kPa）下操作，则据式（2-44）计算第二级分离器的最佳操作压力为（p_2）$_o = 589.50$kPa。

③ 平衡闪蒸计算。

利用后面将要详细给出的闪蒸过程，可计算三级油气分离器中第二级分离器的最佳操作压力，图 2-18 为计算过程框图。

6. 油气分离器的选择与性能

国外油田在选择特定分离器时，考虑油田矿场条件及各种潜在的因素，按照图 2-19 所示的一体化流程进行。

油气分离器的性能受操作温度、操作压力、分离级数及油气介质组成等因素的控制，较高的操作温度将导致更多量的烃类蒸发，降低原油的收率；更高的操作压力会使更多的烃类凝结，增加原油的收率，不过，在达到一定峰值后，更高的压力则会导致原油的减少；分离级数的增加总体上会改善分离效率，从而提高原油的收率，不过，当级数超过三级后，这种改善程度将减小，一个四级油气分离器在经济上是不划算的，因为增加一级，原油收率增加不过 8%；另外，在评价油气分离器性能时还必须考虑油气介质的组成性质。

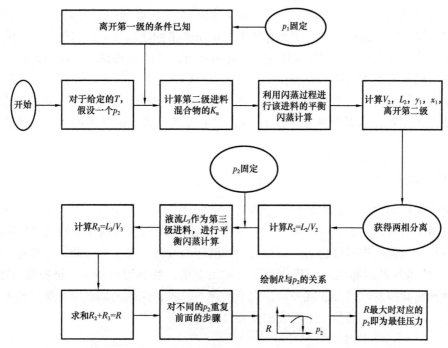

图 2-18　第二级分离器最佳操作压力计算过程框图

K_n—相平衡常数；V_2—第二级分离过程气相体积，ft^3（标准状况下）；L_2—第二级分离过程液相体积，bbl；y_1—第一级分离后气相组分的摩尔分数；x_1—第一级分离后液相组分的摩尔分数；R_2—第二级分离中相间体积比；R_3—第三级分离中相间体积比；R—三级分离中相间体积比之和

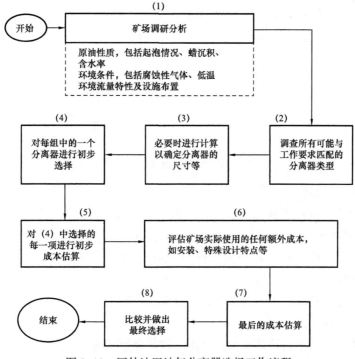

图 2-19　国外油田油气分离器选择工作流程

为了评判油气分离器的性能，国外油田矿场实践中还进行一些测试来评估操作效率，如液滴尺寸评估法，这种方法是测试分离出气体所夹带的液滴尺寸，当气体中的液滴粒径大于 10μm 时，表明油气分离器性能较差。还有如液相携带量评估法，这种方法是测试分离出气体所携带的液相体积，一般在出口气体中的限值相当于是 15cm³/m³。另外还有染色测试，作为一种相对古老的测试方法，俗称手帕测试，这种方法是在离开分离器的气流中放置一块白色布料，如果白色布料在 1min 内没有变成棕色，则认为油气分离器的性能是可接受的。

7. 闪蒸计算

在平衡条件的假设下，掌握进入分离器的油气介质组成、操作压力和温度条件，便可以应用气液平衡理论计算每一级的气相和液相分数。从油气混合物中分离气体的问题可以归结为将部分汽化的进料混合物闪蒸为气相和液相两股流。除了使用油气分离器，可以利用如图 2-20 所示的闪蒸塔。闪蒸作为一种单级蒸馏，在蒸馏过程中，进料部分地蒸发，产生的蒸汽富含挥发性成分。在一定压力下加热的进料，绝热闪蒸、经过阀门而进入低的压力环境，蒸汽继而从闪蒸罐中的液相残液中分离出来。

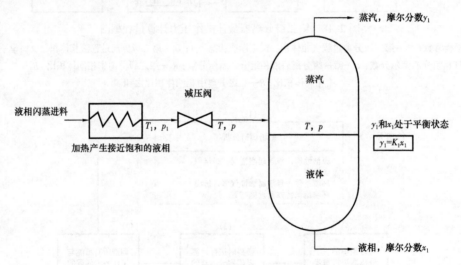

图 2-20　绝热闪蒸工艺示意图

（1）闪蒸的必要条件。

为了进行闪蒸，进料必须得是两相混合物，如图 2-21 所示，进料混合物的泡点 T_{BP}、闪蒸温度 T_f 和露点 T_{DP} 之间满足 $T_{BP} < T_f < T_{DP}$，或所有组分的 $z_i K_i$ 之和大于 1、所有组分的 z_i / K_i 之和小于 1，其中 z_i 和 K_i 分别为组分 i 的组成和平衡常数。

（2）闪蒸方程及应用。

闪蒸计算主要是其能提供一种工具来确定分离产物 L（原油）和 V（气体）的相对量，以及它们的组成 x_i 和 y_i。

闪蒸方程式由物料平衡计算得出，其第一种简单形式为

$$x_i = \frac{z_i}{1 - \frac{V}{F}(1 - K_i)} \qquad (2-45)$$

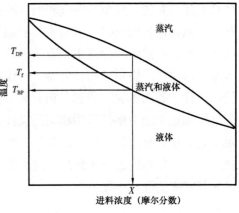

图 2-21　二元体系的闪蒸条件

式中　y_i——组分 i 在气相中的摩尔分数；

　　　x_i——组分 i 在液相中的摩尔分数；

　　　K_i——组分 i 在给定 T 和 p 下的平衡常数；

　　　z_i——组分 i 中的压缩因子；

　　　V——气相总体积；

　　　F——闪蒸修正因数。

在给定 p 和 T 的条件下，通过反复假设 $\dfrac{V}{F}$ 的值，求解方程得到 x_i 的值，直到 x_i 的加和为 1 为止。

第二种形式为

$$f(g) = \sum_{i=1}^{c} \frac{z_i}{1 - g(1 - K_i)} - 1 \qquad (2-46)$$

其中

$$g = V/F \qquad (2-47)$$

该闪蒸方程式（2-46）通过计算机来求解。

如前所提到，汽液平衡常数定义为

$$K_i = \frac{y_i}{x_i} \qquad (2-48)$$

平衡常数被认为是计算气相和液相原油中烃类混合物相行为的关键概念。K 是温度 T、压力 p 及给定体系组成的函数，系统操作压力值应低于预测 K 值时使用的收敛压力。

闪蒸方程的应用主要体现在以下两点。

① 给定分离下的分离级数确定。利用简单的逐级法至收敛，而这种收敛的建立就是当离开最后一级的液相组成等于指定的进料组成。

② 第二级的最佳操作压力确定。这一点在前面已提及，如图 2-18 所示，需要一个反复计算的过程。

二、油气水三相分离

几乎在所有的油田生产中，采出液是由油、气、水三相组成。部分采出水以游离水的形式存在，部分则以乳化水的形式存在，且当含水率达到很高时，形成的原油乳状液将不是以油包水型为主，而是以水包油型为主。游离水可以通过重力沉降作用而分离。对于乳化分离水，除了重力沉降外，热处理、化学处理、静电处理及其相互组合处理依矿场具体特点是必要的。采出液中气相的规模在很大程度上取决于生产和分离条件，当气相体积相比于液相体积较小时，游离水、油和气的分离的可用游离水脱除器，也就是说在这种情况下，水从原油中的分离主控着处理容器的设计；当气相体积大而需要从油水液相中分离大量气体时，应使用三相分离器，气体容量界限和油水分离界限共同约束并控制着处理容器的设计。游离水脱除器和三相分离器在形状和构成上基本相似，此两种类型的容器在国外油田集输系统中都是采用相同的设计理念和程序，往往统称为油气水三相分离器。为满足工艺要求，分离器一般分级设计，第一级分离器用于初步相分离，第二、第三级则用于油、气、水各相的进一步处理。这里即结合国外油田矿场实践主要介绍油气水三相分离设施及其基本的设计方程。

1. 分离理论

前面油气两相分离部分介绍的基本分离概念和沉降方程对于油气水三相分离也是适用的，特别是关于在分离器中从气相中分离液滴的方程，也就是气体容量约束关系的建立，完全适用于油气水三相分离。然而，三相分离中对于液相的处理不同于两相分离，在两相分离中，液体停留时间约束是确定两相分离器液体容量的唯一标准，而在三相分离中，除了停留时间约束外，还必须考虑油滴从水中的沉降分离、水滴从油中的沉降分离，同时，油相和水相的停留时间也可能都得是不同的。

在油滴从水中分离、水滴从油中分离过程中，液滴与周围连续相之间存在着相对运动。油的密度较水小，油滴在重力与浮力的合力作用下倾向于垂直向上运动；另一方面，连续相水相在相反方向上对油滴施加一个阻力，这种共同作用下，油滴将会加速运动，直到阻力接近并平衡于重力与浮力的合力。此后，油滴继续以恒定速度上升。类似地，水的密度较油大，水滴在重力与浮力的合力作用下倾向于垂直向下运动；另一方面，连续相油相在相反方向上对水滴施加一个阻力，这种共同作用下，水滴将会加速运动，直到阻力接近并平衡于重力与浮力的合力。此后，水滴继续以恒定速度下沉，这同样也就是常说的沉降速度或终了速度。关于连续相、分散相的划分及描述将在第三章做详细的介绍。油滴从水中上浮和水滴从油中下沉均遵循斯托克斯定律，而这种阻力正比于垂直于流动方向的液滴表面积及每单位体积内的动能，因此：

$$F_d = C_d \frac{\pi}{4} d^2 \frac{\rho_c u^2}{2} \tag{2-49}$$

而

$$F_g = \frac{\pi}{6} d^3 (\Delta\rho) g \tag{2-50}$$

式中　F_d——阻力，lbf；

　　　F_g——重力与浮力的合力，lbf；

　　　d——液滴的粒径，ft；

$\Delta\rho$——油水密度差，lb/ft^3；

u——液滴的沉降速度，ft/s；

ρ_c——连续相的密度，lb/ft^3；

g——重力加速度，ft/s^2；

C_d——阻力系数。

对于低雷诺数流动，阻力系数可以表达为

$$C_d = \frac{24}{Re} = \frac{24\mu}{\rho_c du}$$ （2-51）

式中　μ——连续相的黏度，$lbf \cdot s/ft^2$。

联立式（2-49）和式（2-51）得

$$F_d = 3\pi\mu du$$ （2-52）

当 $F_d = F_g$ 时，就达到前述的液滴沉降速度或终了速度

$$u = \frac{(\Delta\rho)d^2}{18\mu}$$

而在国外油田矿场，液滴直径和黏度的通用单位依然分别是微米（μm）和厘泊（cP），那么进行单位换算后，式（2-52）就变成了：

$$u = 2.864 \times 10^{-8} \frac{(\Delta\rho)d^2}{\mu}$$ （2-53）

$$u = 1.787 \times 10^{-6} \frac{(\Delta\gamma)d^2}{\mu}$$ （2-54）

$$\Delta\gamma = \gamma_w - \gamma_o$$ （2-55）

式中　u——液滴的沉降速度，ft/s；

d——液滴的直径，μm；

μ——连续相的黏度，cP；

γ_o——油的相对密度；

γ_w——水的相对密度。

显然，液滴的沉降速度与连续相的黏度成反比，原油的黏度一般较水的黏度高好几个数量级，因此，油中水滴的沉降速度远小于水中油滴的沉降速度。液滴从连续相中沉降出来并达到两相之间界面所需的时间依赖于沉降速度和液滴经过的距离，在油层厚度大于水层厚度的操作中，水滴到达油水界面所经由的距离要大于油滴到达油水界面所经由的距离，加上水滴的沉降速度要慢得多，所以水滴从油中分离出来所需要的时间比油滴从水中分离出来所需要的时间更长。即便在形成非常厚水层的高含水率工况操作中，水层与油层的厚度比也不能抵消黏度的影响。因此，从连续油相中有效分离出水滴总是被作为三相分

离器的设计准则。

从原油中去除最小尺寸的水滴、从水中去除最小尺寸的油滴,进而在分离器出口获得一定质量的原油和水质,在很大程度上取决于操作条件和采出液的性质。模拟矿场条件下的实验室结果可为设计提供最好的数据,其次就是参考相邻或附近的矿场操作。如果这些数据信息都无法获得,那么就界定从原油中去除水滴的最小尺寸是 500μm。按照这一标准设计的分离器,处理后的原油乳状液一般含有 5%~10% 的水,并可在后续原油脱水设施中易于处理。国外油田矿场经验表明,按照去除水滴最小尺寸为 500μm 设计的三相分离器,其出水中含油量将低于 2000mg/L 的水。分离器设计的另一个重要方面是停留时间,其决定着分离器的处理能力。油相需要在分离器内停留一段时间,以使其充分达到平衡并释放出溶解气体,同时,停留时间也应使悬浮在油中的水滴充分地获得聚结,以促进有效的沉降分离。另外,水相需要在分离器内停留一段时间,以使其中的悬浮油滴充分地聚结。根据操作条件和流体性质,油和水的停留时间通常在 3~30min,选择 10min 的停留时间是国外油田矿场普遍的做法。

作为油田地面系统中将油井采出介质分离为气体和液体组成的压力容器,分离器的工作原理即是基于油、气、水三组成不同的密度,使它们在气体向顶部缓慢运动、水向底部缓慢运动、原油向中部缓慢运动的过程中分层,砂等固相沉淀在分离器底部。类似于两相分离器,三相分离器可以是卧式结构,也可以是立式结构,但三相分离器的集液段是处置油、水两种互不相容的液体,所以三相分离器将有额外的液位控制装置及其他的内部组件。

2. 三相卧式分离器

如图 2-22 和图 2-23 所示分别为国外油田两种常见的卧式三相分离器结构示意图,该两种类型分离器的区别主要在于控制油相和水相液位的方法。对于图 2-22 中的三相分离器,液位的控制由界面控制器和油堰板来实现,对于图 2-23 中的三相分离器,液位的控制则由集油槽和水堰板组合来实现。

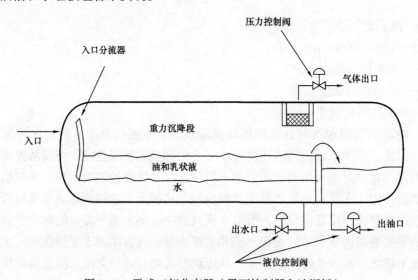

图 2-22 卧式三相分离器(界面控制器和油堰板)

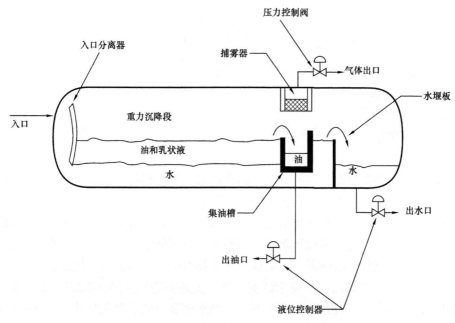

图 2-23　卧式三相分离器（集油槽和水堰板组合）

　　总体上，三相分离器的操作与两相分离器相似，要么直接来自油井，要么来自游离水脱除器的采出液进入三相分离器触发入口分流器，如图 2-22 所示，此时，由于动量的改变和流体间密度的差异，大量气相和液相的初分离发生。气相沿分离器顶部水平经过重力沉降段时，其中夹带的一定尺寸液滴（通常是 100μm 左右）在重力作用下分离。之后，气体经过捕雾器，更小尺寸的夹带液滴得以分离，并通过压力控制阀从分离器中排出，其中，压力控制阀控制分离器的工作压力，并将其维持在一个恒定值。大量在入口分流器处分离出的液相通过一个引流向油—水界面下方的下导管下向流动，通过水层的这种流动也被称为水洗，促进悬浮在连续油相中的水滴聚并分离。集液段应具有足够的体积，以允许有足够的时间将油和乳状液从水相中分离。在水面上方就形成了油和乳状液层，堰板控制着其液位，界面控制器控制水位及出水阀。油和乳状液流过堰板而收集在独立的单元，其液位由控制出油阀的液位控制器来控制。

　　分离器内气相和液相所占据的相对空间取决于采出液中气相和液相的相对体积。通常的做法是假设各相都占据分离器空间的 50%，在这种情况下，当采出液中某一相的体积较另一相小得多或大得多时，分离器的体积则相应地应在相间进行分配。例如，如果气液比相对较低，可以在设计分离器中考虑液相占据分离器空间的 75%，气相则占据剩余的 25%。

　　对于仅在液位控制方法上有所不同的另一种卧式三相分离器，如图 2-23 所示，油和乳状液流过油堰板进入集油槽，在集油槽中的液位由控制出油阀的液位控制器来控制。水则从集油槽下方空间流过，然后经过水堰板进入到集水段，同样，集水段水位由控制出水阀的水位控制器控制。整个分离器中的液位通常是位于中央，由油堰板高度控制。油和乳状液层的厚度必须是充分的，以提供足够的停留时间，这由水堰板相对于油堰板的高度来控制。利用分离器底部水一侧和油水一侧间简单的压力平衡可估计油和乳状液层的厚度：

$$H_o = \frac{H_{ow} - H_{ww}}{1 - (\rho_o / \rho_w)}$$

（2-56）

式中　H_o——油和乳状液层厚度；

　　　H_{ow}——油堰板高度；

　　　H_{ww}——水堰板高度；

　　　ρ_o——油的密度；

　　　ρ_w——水的密度。

　　当然，式（2-56）只是给出了一个油和乳状液层厚度的近似估算方法，要获得更准确的值，式中油的密度应采用油和乳状液密度的平均值，并且这一平均值还依赖于油层和乳状液层的各自厚度。水堰板的高度不应太小，以免油和乳状液层向下聚集，避免油和乳状液从集油槽下方流过，越过水堰板而随水相流出。在国外油田矿场设计与操作中，往往建议集油槽应尽可能地深，油堰板、水堰板或二者都可调整，以适应处理量、采出液性质的任何动态变化。由于界面控制器易于调整，所以上述问题在如图 2-22 所示结构的三相分离器中相对更容易应对。但在某些情况下，当油水密度差或水和乳状液的密度差相对比较小时（如稠油处理），界面控制器的操作会变得不够可靠，如图 2-23 所示结构的集油槽和水堰板组合控制液位将成为三相卧式分离器设计首选。

3. 三相立式分离器

　　正如前面油气两相分离部分所介绍，由于流动结构能够促进相分离，所以卧式分离器通常较立式分离器更优越。然而，在某些应用中，工程师可能需要选择立式分离器，如海上油田开发就是一个例子，平台的空间限制使得使用立式分离器成为一种必然。

　　如图 2-24 所示为是典型三相立式分离器的结构示意图，采出液流从侧面进入分离器，并触发入口分流器，气液的大量分离开始发生，气相通过重力沉降段向上流动，重力沉降段的设计允许从气相中分离低至 $100\mu m$ 尺寸的液滴。之后，气体经过捕雾器，进一步去除更小尺寸的液滴，然后在分离器顶部通过压力控制阀排出，该压力控制阀控制分离器压力并维持其在一个恒定的值。

　　液相通过下导管下向流，并经过油水界面处的流量分配器。之后，油上浮到油和乳状液层，分散在油中的水滴沉降并与上浮的油呈反向流动，进而汇集到分离器底部的集水单元。油相流过堰板进入油室，并通过出油阀排出分离器，液位控制器控制油室中的液位和出油阀。同样，从分配器流出的水下向流进入集水单元，而分散在水相中的油滴上浮并与下沉的水呈反向流动，进而汇集到油和乳状液层，同样利用一个界面控制器控制水位和出水阀。排气道使从油中释放出来的气体上升，并汇入已分离出来的气体，从而避免分离器液相单元超压。油堰板和油室的设计能够为从油中分离出水提供良好的环境，因为原油在排出分离器之前，需上升到堰板的整个高度。不过，油室的设计也有一些问题，比如它占据空间，减少了可用于放宽油水停留时间的分离器空间。另外，此分离器也为各类沉淀物提供一个收集单元，这也就带来了生产操作中的清淤问题，并增加分离器的成本。

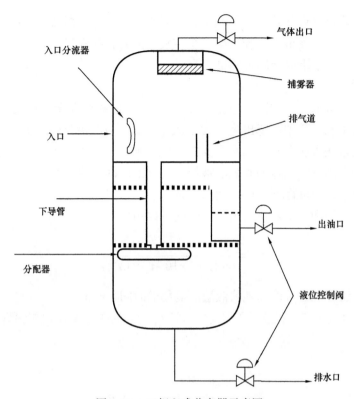

图 2-24　三相立式分离器示意图

只要两种液体存在明显的密度差异，液液界面控制器就能有效地发挥功能。在大多数三相分离器的实际应用中，往往形成的不是油—水界面，而是水—乳状液界面，但乳状液的密度却比油大、与水太接近，因此，这种小的密度差，会对界面控制器的运行产生不利影响。乳状液在分离器中占据了原本属于油和水的空间，这就影响到了油和水的停留时间，降低了油水分离效果。乳状液的出现会对大多数分离操作带来困难，这就不得不进行加热或使用破乳剂，以促进破乳，当然，在这些情形下，操作的经济性就需要结合技术界限来权衡。关于破乳的相关工艺方法将在第三章做详细的介绍。

4. 分离器尺寸确定及规则

卧式和立式三相分离器尺寸确定方程是相关设计的基础，也是进行分离器初步设计的理论依据。但一个油田全生命周期内的产量、气液比、含水率、流体性质、压力及温度等操作条件也是设计中不容忽视的方面。对于一个新油田的开发，能够获得的数据信息总是一定程度上存在不确定性，这是设施设计中必须考虑的一个因素。此外，成本、可操作性和空间限制也会影响设备的设计与选择。除了从油相中分离水滴、从水相中分离油滴的约束，三相分离器尺寸确定的程序总体上与两相分离器尺寸的确定相似。

（1）卧式分离器的尺寸确定。

与两相分离器一样，考虑气体容量约束和液相停留时间约束时，可建立两个方程，每个方程都将分离器直径与其长度相联系。通过分析这两个方程，便可确定其中主控分离器设计的方程，并确定直径和长度的可能组合。对于三相水平分离器，还需考虑油相中水滴的沉降而建立确定分离器最大直径的第三个方程。因此，在确定分离器的直径与长度组合时，选择的直径必须小于等于确定的最大直径。

① 水滴沉降约束。

与两相分离器相比，三相卧式分离器设计中的附加约束在于油相的停留时间应足以使某最小尺寸的水滴从其中沉降出来。为了保守起见，假设要分离的水滴在油和乳状液层的最顶部，那么这些水滴在到达油水界面之前就必须经过与油和乳状液层等厚的距离。由此，通过将这些水滴下沉经过油和乳状液层所需要的时间与原油在分离器中的停留时间认为相等而建立约束，便可得到一种有用的关系。

水滴下沉经过油和乳状液层所需要的时间可以用该层厚度除以沉降速度得到：

$$t_{wd} = \frac{1}{60} \frac{(H_o/12)}{1.787 \times 10^{-6}(\Delta\gamma)d^2/\mu}$$ （2-57）

式中　t_{wd}——水滴下沉经过油和乳状液层所需要的时间，min。

由水滴下沉经过油和乳状液层所需要的时间 t_{wd} 与原油在分离器中的停留时间 t_o 相等，即

$$t_{wd} = t_o$$

可得

$$H_{o,max} = \frac{1.28 \times 10^{-3} t_o (\Delta\gamma) d^2}{\mu}$$ （2-58）

式中　$H_{o,\,max}$——油和乳状液层的最大允许厚度，in。

要去除水滴的最小直径确定方法相同于前面油气两相分离部分的介绍，如果没有可靠的实验测试数据，其可被赋值为 500μm。

油、水流速、停留时间和分离器直径共同控制着油和乳状液层的厚度，而对于液相占据一半空间的分离器，可推导出如下几何关系：

$$\frac{A}{A_w} = \frac{1}{\pi}\cos^{-1}\frac{2H_o}{D} - \frac{2H_o}{D}\left(1 - \frac{4H_o^2}{D^2}\right)^{-0.5}$$ （2-59）

式中　A——分离器的总横截面积；
　　　A_w——分离器中水相所占据的横截面积；
　　　D——分离器的直径。

而

$$A = 2(A_o + A_w)$$ （2-60）

也就有

$$\frac{A_w}{A} = 0.5\frac{A_w}{A_o + A_w}$$ （2-61）

式中　A_o——分离器中油相所占据的横截面积。

由于每一相所占的体积是横截面积与有效长度的乘积，所以横截面积与体积成正比，同时，任一相所占的体积也由其流速和停留时间的乘积来确定。所以：

$$\frac{A_w}{A} = 0.5 \frac{Q_w t_w}{Q_o t_o + Q_w t_w} \tag{2-62}$$

据式（2-62）确定了 A_w/A 后，则可以据式（2-59）来确定 H_o/D，然后将其与式（2-58）确定的 $H_{o, max}$ 联合，确定相关于油和乳状液层最大厚度的分离器最大直径 D_{max}：

$$D_{max} = \frac{H_{o,max}}{H_o / D} \tag{2-63}$$

H_o/D 的确定也可以采用图解法，如图 2-25 所示。对于其他情形，如液相占据分离器体积在一半以上或不到一半时，可以推导出类似于式（2-59）和式（2-62）的方程。

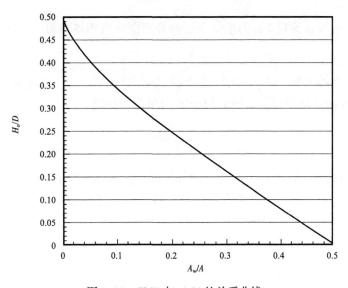

图 2-25　H_o/D 与 A_w/A 的关系曲线

② 气体容量约束。

前面油气两相分离部分介绍的卧式油气分离器气体容量约束方程同样适用于油气水三相卧式分离器，方程提供了分离器直径与有效长度之间的关系：

$$LD = 422 \frac{1.8 T Q_g Z}{p} \left[\frac{\rho_g}{(\rho_o - \rho_g)} \frac{C_d}{d_m} \right]^{1/2} \tag{2-64}$$

式中　D——分离器内径，in；

　　　　L——分离器有效长度，ft；

　　　　T——操作温度，K；

　　　　Z——操作压力和温度下的气体压缩系数；

p——操作压力，psi；

ρ_g——气体密度，lb/ft³；

ρ_o——原油密度，lb/ft³；

C_d——阻力系数，其迭代求解过程同前；

d_m——从气体中分离出的最小油滴尺寸，同样取 100μm。

式（2-64）便用于确定满足气体容量约束的分离器直径与有效长度的可能组合，直径的选择小于前面水滴沉降约束所确定的最大直径。

③ 停留时间约束。

如同两相分离器设计中的假设，假设液相占据分离器体积的一半，只是此时液相包括油和水。于是，液相所占的体积 V_1（ft³）为

$$V_1 = 0.5 \frac{\pi}{4} \left(\frac{D}{12} \right)^2 L \qquad (2-65)$$

按照 1bbl=5.61ft³，则以 bbl 为单位表达的分离器中液相体积为

$$V_1 = 4.859 \times 10^{-4} D^2 L \qquad (2-66)$$

油相占据分离器的体积 V_o 是油相流量 Q_o 与油相停留时间 t_o 的乘积，当油相流量 Q_o 以 bbl/d 为单位表达，油相停留时间 t_o 以 min 为单位表达时：

$$V_o = \frac{Q_o t_o}{24 \times 60} \qquad (2-67)$$

同理，水相占据分离器的体积 V_w 是水相流量 Q_w 与水相停留时间 t_w 的乘积，当水相流量 Q_w 以 bbl/d 为单位表达，水相停留时间 t_w 以 min 为单位表达时：

$$V_w = \frac{Q_w t_w}{24 \times 60} \qquad (2-68)$$

联立式（2-66）、式（2-67）和式（2-68）得

$$D^2 L = 1.429 \left(Q_o t_o + Q_w t_w \right) \qquad (2-69)$$

式（2-69）便用于确定满足停留时间约束的分离器直径与有效长度的可能组合，同样，直径选择小于前面水滴沉降约束所确定的最大直径。

④ 尺寸确定程序及案例。

三相卧式分离器尺寸确定程序可概括如下：首先，据式（2-62）确定 A_w/A 的值；然后利用图解法确定 H_o/D，并据式（2-58）确定油和乳状液层的最大允许厚度 $H_{o,\ max}$（d 取 500μm）；之后，据式（2-63）确定分离器最大直径 D_{max}；然后，对于小于 D_{max} 的直径，分别确定 D 与 L 的组合，以满足气体容量约束方程式（2-64）或停留时间约束方程式（2-69），其中 d_m 取 100μm；对比前面所确定 D 与 L 的两类组合，分析是气体容量还是停留时间主控着分离器的设计；如果气体容量主控着分离器设计，则按式（2-70）确定分离器的接缝长度 L_s。

$$L_s = L + \frac{D}{12} \tag{2-70}$$

如果停留时间主控着分离器设计，则按式（2-71）确定分离器的接缝长度 L_s：

$$L_s = \frac{4L}{3} \tag{2-71}$$

最后，推荐长度与直径比在 3～5 的分离器合理直径及长度。当然，最终的选择还应兼顾成本等因素。另外，某些情况下，长度与直径比不在 3～5 时，尤其当大于 5 时，为了稳定气液界面，往往设计安装内部挡板以充当消波器。

以下是国外油田矿场生产操作条件下设计三相卧式分离器的案例。

案例操作条件：原油产量为 8000bbl/d，产水量为 3000bbl/d，油气比为 1000ft³/bbl（标准状况下），原油黏度为 20cp，原油相对密度为 0.89，水的相对密度为 1.04，气体相对密度为 0.65，气体压缩系数为 0.89，操作压力为 250psi，操作温度为 308.15K，油相停留时间为 15min，水相停留时间为 10min。

首先确定 $H_{o,\,max}$：

$$H_{o,max} = \frac{1.28 \times 10^{-3} \times 15 \times (1.04 - 0.89) \times 500^2}{20} = 36in \tag{2-72}$$

然后确定 A_w/A：

$$\frac{A_w}{A} = \frac{0.5 \times (3000 \times 10)}{(8000 \times 15) + (3000 \times 10)} = 0.1 \tag{2-73}$$

接着利用图解法确定 H_o/D：

$$\frac{H_o}{D} = 0.338 \tag{2-74}$$

从而确定分离器最大允许直径 D_{max}：

$$D_{max} = \frac{H_{o,max}}{H_o / D} = \frac{36}{0.338} = 106.5in \tag{2-75}$$

根据气体容量约束关系，并取 $C_d = 0.65$，得

$$LD = 422 \times 1.8 \times 308.15 \times 0.89 \times \frac{8}{250} \times \left[\frac{0.65\rho_g}{100(\rho_o - \rho_g)} \right]^{1/2} \tag{2-76}$$

确定气相和油相的密度：

$$\rho_g = \frac{2.7\gamma_g p}{1.8TZ} = \frac{2.7 \times 0.65 \times 250}{1.8 \times 308.15 \times 0.89} = 0.888lb/ft^3 \tag{2-77}$$

$$\rho_o = \rho_w \gamma_o = 62.4 \times 0.89 = 55.54 \text{lb/ft}^3 \qquad (2-78)$$

从而，气体容量约束关系表达为

$$DL = 68.22 \qquad (2-79)$$

停留时间约束关系表达为：

$$D^2L = 1.429（8000 \times 15 + 3000 \times 10）=214350 \qquad (2-80)$$

选择小于所确定最大直径的直径，分别依据气体容量约束关系和停留时间约束关系确定相应的有效长度，会发现基于气体容量约束关系确定的有效长度太小，气体容量约束不是主控分离器的设计，所以基于停留时间约束关系确定的7组有效长度结果见表2-8。

表2-8 三相卧式分离器案例设计结果

编号	D, in	L, ft	L_s, ft	长度与直径比
1	66	49.21	65.61	11.93
2	72	41.35	55.13	7.23
3	78	35.23	46.98	2.20
4	84	30.38	40.50	5.79
5	90	26.46	35.28	4.71
6	96	23.26	31.01	3.88
7	102	20.65	27.47	3.23

从表1-8可以看出，第5、第6和第7组合的长度与直径比在3~5，所以将是合适的选择，因此，考虑成本因素，设计推荐该操作案例的三相分离器规格为直径90in、接缝长度36ft，或直径96in、接缝长度31ft，或直径102in、接缝长度28ft。从成本来说，通常大直径、小长度尺寸分离器要比小直径、大长度分离器贵。

基于设计结果值计算实际的气体容量，对于直径96in、接缝长度31ft分离器，计算气体容量是$263 \times 10^6 \text{ft}^3$（标准状况下），显然，其远大于操作案例中$8 \times 10^6 \text{ft}^3$（标准状况下）的气体产量，这表明按照分离器中液相是半满状态来设计并不是有效的，应该按照液相占据分离器空间体积的一半以上，以节约分离器的设计尺寸。

（2）立式分离器的尺寸确定。

三相立式分离器的尺寸确定方法与前面两相立式分离器的尺寸确定方法类似，由气体容量约束确定分离器最小直径，由停留时间约束确定分离器高度。不过，对于三相分离器，需增加一个约束条件，就是将最小尺寸的水滴从油和乳状液层中沉降出来，从而得到分离器的第二个最小直径。在最终的选择中，分离器直径应该取气体容量约束所确定最小直径和水滴沉降约束所确定最小直径中的较大值，作为最小设计直径。

① 水滴沉降约束。

水滴从油相中沉降分离的条件是油相的平均上浮速度不超过给定尺寸水滴的下沉速度，油相的平均速度利用油相流量除以流动横截面积获得：

$$u_o = 0.0119 \frac{Q_o}{D^2} \tag{2-81}$$

式中　u_o——油相平均上浮速度，ft/s；

$\quad\quad Q_o$——油相流量，bbl/d；

$\quad\quad D$——分离器内径，in。

而水滴的沉降速度为

$$u_w = 1.787 \times 10^{-6} \frac{(\Delta\gamma)d_m^2}{\mu_o} \tag{2-82}$$

由速度临界关系得

$$D_{min}^2 = 6686 \frac{Q_o \mu_o}{(\Delta\gamma)d_m^2} \tag{2-83}$$

式中　μ_o——原油黏度，cP；

$\quad\quad \Delta\gamma$——油水相对密度差；

$\quad\quad D_{min}$——分离器最小允许直径，in；

$\quad\quad d_m$——水滴最小粒径，μm。

任何大于该临界关系所确定最小直径的直径均会获得更低的油相平均上浮速度，有利于水滴的沉降分离。

② 气体容量约束。

立式分离器满足气体容量约束建立的分离器最小直径表达式为

$$D_{min}^2 = 5058 Q_g \frac{1.8TZ}{p} \left[\frac{\rho_g}{(\rho_o - \rho_g)} \frac{C_d}{d_m} \right]^{1/2} \tag{2-84}$$

式中　p——操作压力，psi；

$\quad\quad T$——操作温度，K；

$\quad\quad Z$——操作压力和温度下的气体压缩系数；

$\quad\quad \rho_g$——气体密度，lb/ft³；

$\quad\quad \rho_o$——原油密度，lb/ft³；

$\quad\quad C_d$——阻力系数；

$\quad\quad d_m$——从气体中分离出的最小油滴尺寸，μm。

选取任何大于气体容量约束下确定的分离器最小直径，都会导致气体速度降低，从而确保尺寸不低于 d_m 的液滴从气体中得以沉降分离。

③ 停留时间约束。

如前所述，为了从油相中分离出分散的水滴，从水相中分离出分散夹带的油滴，并使系统中油相与气相达到平衡，就需要合理的停留时间。

分离器中油相和水相的体积可分别表示为：

$$V_o = \frac{1}{1728} \frac{\pi}{4} D^2 H_o \tag{2-85}$$

$$V_w = \frac{1}{1728} \frac{\pi}{4} D^2 H_w \tag{2-86}$$

则

$$V_o + V_w = 4.543 \times 10^{-4} D^2 (H_o + H_w) \tag{2-87}$$

式中　V_o——油相体积，ft^3；

　　　V_w——水相体积，ft^3；

　　　H_o——油相高度，in；

　　　H_w——水相高度，in；

　　　D——分离器内径，in。

同样，可以通过体积流量与停留时间来确定油相体积、水相体积和两相的总体积；

$$V_o = \frac{5.61}{24 \times 60} Q_o t_o \tag{2-88}$$

$$V_w = \frac{5.61}{24 \times 60} Q_w t_w \tag{2-89}$$

$$V_o + V_w = 3.896 \times 10^{-13} (Q_o t_o + Q_w t_w) \tag{2-90}$$

式中　t_o——油相停留时间，min；

　　　t_w——水相停留时间，min。

联立式（2-87）和式（2-90）得

$$(H_o + H_w) D^2 = 8.576 (Q_o t_o + Q_w t_w) \tag{2-91}$$

④ 尺寸确定程序及案例。

三相立式分离器尺寸确定程序可概括如下：首先，据式（2-83）确定满足水滴沉降约束的分离器最小直径（d_m 取 500μm）；然后，据式（2-84）确定满足气体容量约束的分离器最小直径（d_m 取 100μm）；将两个最小直径的较大者认为是分离器的最小允许直径；对于大于最小允许直径的系列直径值，据式（2-91）确定直径和液相高度的组合；对于每种组合，按以下方式确定接缝长度：

$D > 36$in 时

$$L_s = \frac{1}{12}\left(H_o + H_w + D + 40\right) \tag{2-92}$$

$D < 36\text{in}$ 时

$$L_s = \frac{1}{12}\left(H_o + H_w + 76\right) \tag{2-93}$$

以下是国外油田矿场生产操作条件下设计三相立式分离器的案例。

案例操作条件：原油产量为 6000bbl/d，产水量为 3000bbl/d，产气量为 $8\times10^6\text{sft}^3$，原油黏度为 10cP，原油相对密度为 0.87，水的相对密度为 1.04，气体相对密度为 0.60，气体压缩系数为 0.88，操作压力为 500psi，操作温度为 305.37K，油相停留时间为 10min，水相停留时间为 10min；阻力系数 C_d 取 0.64。

首先确定 ρ_g 和 ρ_o：

$$\rho_g = \frac{2.7\times0.6\times500}{1.8\times305.37\times0.88} = 1.674\text{lb/ft}^3 \tag{2-94}$$

$$\rho_o = 62.4\times0.87 = 54.288\text{lb/ft}^3 \tag{2-95}$$

然后确定满足水滴沉降约束的分离器最小直径 D_{min}：

$$D_{min}^2 = 6686\times\frac{6000\times10}{0.2\times(500)^2} = 8023.2\text{in}^2 \tag{2-96}$$

则

$$D_{min} = 89.57\text{in} \tag{2-97}$$

接着确定满足气体容量约束的分离器最小直径（D_{min}）：

$$D_{min}^2 = 5058\times8\times\frac{1.8\times305.37\times0.88}{500}\left[\frac{1.674}{52.614}\times\frac{0.64}{100}\right]^{1/2} = 835.86\text{in}^2 \tag{2-98}$$

则

$$D_{min} = 28.91\text{in} \tag{2-99}$$

于是，取两个最小直径计算值中的较大者 89.57in 作为设计三相立式分离器的最小允许直径。

之后，确定三相立式分离器直径和液相高度的关系：

$$\left(H_o + H_w\right)D^2 = 8.576\times\left(6000\times10 + 3000\times10\right) = 771840\text{ft}^3 \tag{2-100}$$

最后，取大于 89.57in 的直径，并通过确定对应的液相高度，计算相应的接缝长度及长度与直径比，8 组结果见表 2-9。

表 2-9　三相立式分离器案例设计结果

编号	D, in	$H_o + H_w$, in	L_s, ft	长度与直径比
1	90	95.289	18.774	2.50
2	96	83.750	18.312	2.29
3	102	74.187	18.016	2.12
4	108	66.173	17.848	1.98
5	114	59.391	17.783	1.87
6	120	53.600	17.800	1.78
7	132	44.298	18.025	1.64
8	145	37.222	18.435	1.54

　　显然，表 2-9 中分离器直径和接缝长度 8 种组合下的长度与直径比均在 1.5~3，表明这些组合按照设计准则来说都是可选的。而综合成本等因素，对于此操作案例，国外油田矿场设计应用中以规格为直径 96in、接缝长度 19ft 的分离器作为所推荐的最佳选择。

第三章
原油处理工艺与设施

原油处理是油田地面集输中继油气分离之后的重要工序，原油大部分以各种不同稳定程度的乳状液形式采出，因为原油乳状液的性质随着油田的开发与生产条件的变化而不断地改变，所以许多采油工艺对油水处理设施的设计与操作带来了重大挑战。原油的市场价值决定了安装可靠、高效的处理系统以最大限度提高其经济回收率至关重要，国外油田同样规定可销售的原油必须符合沉淀物、底水和盐含量等技术规范，且这些操作主要在油田矿场完成。本章主要介绍国外油田原油乳状液的破乳脱水、原油的脱盐，以及原油的稳定，同时介绍一些旨在提升原油品质的其他典型处理案例。

第一节　原油破乳脱水与脱盐

通常油井采出的是油、水、气及砂石等的混合物，在完成油气分离后，就需要经过进一步的处理，也就是原油破乳脱水。油田开发中的一个重要工作就是原油处理设施的设计与优化运行，原油经历这种处理的目标在于首先去除游离水，然后破坏原油乳状液，以分离其中残留的乳化水。根据原油的原始含水量、水的矿化度及采用的脱水工艺，国外油田要求处理后的原油含水量应达到2‰～5‰，且称这类残留水为沉淀物和底水（BS&W）。因此，原油脱水既要确保游离水从油中最大程度地去除，同时还要应用一些工具或强化措施来破坏原油乳状液，这就决定了脱水系统通常涵盖各类相关于游离水脱除和乳化水分离的不同类型设备，包括分离器、游离水脱除器和加热处理器。

如前所述，原油大部分是以各种不同稳定程度的乳状液形式采出，因为其性质随着油田的开发与生产条件的变化而在不断地改变，所以很多采油工艺对油水处理设施的设计与操作带来了诸多挑战。当然，油井井口采出液介质还包括伴生气和游离水，为了减小处理设施的负荷，气和游离水应首先分离脱除。正如第二章第二节所介绍，运用分离器去除气体和绝大多数的游离水，但额外的气体会在原油脱水处理过程中由于压力的降低和加热而进一步释放，这些气体也需要被脱除。同样，对于游离水，在气液分离器中脱除是有限的，往往只是粒径 500μm 及以上的水滴能被脱除，分离器分离出的原油中除了乳化水外，通常还有粒径为 500μm 及以下的游离水滴，这些原油在被输往炼油厂或航运设施之前便需要经过各种净化处理过程。为了满足沉淀物和底水（BS&W）的技术合同要求，国外石油公司在处理工艺和设施的选择与设计上非常慎重，因为销售原油的量是基于沉淀物和底水（BS&W）技术要求的合同约定，所以脱除较合同允许值更多的乳化水而产生的收益并不及花费和投入。

一、原油乳状液

如图 3-1 所示，在油田开发中，水以不同的形式与原油采出，除游离水外，乳化水是原油脱水处理中最需引起工程师们关注的一种形式。

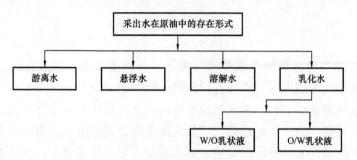

图 3-1　采出水在原油中的存在形式

乳状液通常被定义为由两种互不相溶的液体混合，其中一种液体以液滴形式分散于另一种液体（称之为连续相）中，并由乳化剂来实现稳定。原油乳状液是油水混合物，其形成过程如图 3-2 所示，类型有油包水（W/O）乳状液，其中，水以细小液滴的形式分散于油相中 [图 3-2（b）]，且随着含水率的上升向形成反相乳状液转变，也就是水包油（O/W）乳状液 [图 3-2（c）]。

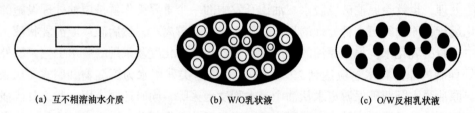

(a) 互不相溶油水介质　　　　(b) W/O乳状液　　　　(c) O/W反相乳状液

图 3-2　原油乳状液类型描述示意图

稳定乳状液的形成需要满足 3 个条件：（1）两种液体必须是互不相溶的；（2）必须有足够的搅拌，以具有使某一相分散到另一相中的能量；（3）必须有一种乳化剂。

1. 搅拌能

在原油生产系统中由于沿程存在的搅拌效应而形成乳状液，油、水在地层孔隙运移至井筒，通过油管举升到井口，经过油嘴、管汇进入地面分离器，整个沿程由于不同程度的紊流而引起等效的搅拌，这种搅拌能促使乳化行为的发生，其作用机制在于以下两点。

（1）搅拌能首先被用来克服液层之间的黏滞力，从而使它们分离为薄层片或不连续状，这就是所说的剪切能，在数学上近似表达为

$$SE = \tau A D_0 \tag{3-1}$$

式中 SE——剪切能；

A——剪切表面积；

D_0——特征长度；

τ——单位面积的剪切力。

单位面积的剪切力又定义为

$$\tau = \frac{C_d \rho v^2}{2g_c} \tag{3-2}$$

式中 C_d——阻力系数；

ρ——流体密度；

v——流速；

g_c——换算系数，取 9.8m/s^2。

（2）搅拌能用于表面能的形成，因为表面能是相间凹液面上分子间作用力的结果，其相关于表面张力，单位面积上所具有的能量即为表面张力，单位为 dyn/cm。

乳状液分散相液滴往往可被看作球形来分析和处理相关问题，液滴保持球形是由于球体在给定的体积下具有最低的表面能，这与所有能量系统都倾向于寻求最低位表面自由能的事实是一致的。表面张力被定义为由于存在于液体表面膜上的分子间作用力而产生的物理性质，这种力会导致液体的体积倾向于收缩为表面积最小的形状，这与认为雨滴属于球形是一样的道理。

那么基于乳状液的形成过程及条件描述，原油处理工艺及设施的设计者并不能完全防止原油乳状液的形成，而他们能做的是尽量降低乳状液形成的程度，从设计的角度讲，主要是通过降低流速、尽量减少流动方向的限制和流场突变，以最大限度地减少原油乳状液的形成。

2. 乳化剂

如图 3-3 所示，在显微镜下观察一种原油乳状液，可以看到有许多微小的球形水珠分散于原油中，这些液滴周围有一层膜，即界面膜，其由于乳化剂的存在而产生。乳化剂包括在原油或水中以天然态存在的物质，或引入的在钻井、维护作业期间所产生相关污染物。常见的一些乳化剂有：沥青材料、树脂状物质、油溶性有机酸、细小分散固体材料（如砂、碳、钙、硅、铁、锌、硫酸铝和硫化铁等）。这些乳化剂束缚水珠而贡献于界面膜的形成，进而稳定原油乳状液。

衡量原油乳状液的稳定性就是考量将该乳状液分离为油水两相的相对难度。一种非常稳定的

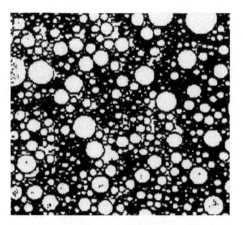

图 3-3　30% 乳化水含量乳状液的显微照片

乳状液称之为致密乳状液，其稳定程度受许多因素的影响。因此，需要考虑这些因素，以更好地理解破乳机理，更有效地实现破乳操作。影响原油乳状液稳定性的因素包括 5 点。

（1）原油黏度。对于黏度较低的原油，破乳分离相对更容易。

（2）油水两相密度差。油水两相密度差别越大，破乳分离效果越好。

（3）分散相液滴的大小。分散相液滴粒径越大，破乳分离速度越快。分散液滴的大小是影响乳液稳定性的重要因素，国外典型油田原油乳状液样品的液滴尺寸分布表明，其大多数乳化液滴的粒径都低于 50μm。

（4）分散相的百分含量。在紊流条件下，低的分散相含量会导致高乳化混合物的形成，分散相液滴被充分地分散，聚并形成较大颗粒的概率减小。

（5）乳化水的矿化度。高矿化度时，油相和水相之间的密度差异更大，因此，高矿化度水会促进原油乳状液的破乳分离。

二、原油脱水方法及工艺

原油脱水处理的方法因其中水的存在形式不同而改变，在处理过程中，首先要去除游离水，然后分离乳化水以及外来杂质，如砂、其他沉积物等。当然，从经济的角度来讲，与第二章所介绍原油中伴生气的分离一样，先脱除游离水有利于减小处理系统的规模，降低基建投资和运行成本。原油脱水处理基本的路径和方法描述如图 3-4 所示，在这些路径和方法中，处理工艺的基本原理在于 3 点。

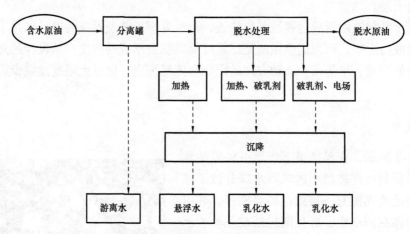

图 3-4　原油脱水处理的基本方法

（1）破乳。通过加热、添加化学破乳剂、施加电场等任一种或组合方法使得界面膜削弱、破裂，进而实现原油乳状液的失稳。

（2）聚结。粒径较小的水滴通过聚结，合并为粒径较大的水滴，这一过程的效果受作用时间的影响较大，主要通过外加电场、水洗及加速粒子间碰撞的方式实现。

（3）沉降。依靠重力作用，将聚结产生的大水滴沉降收集并去除。

其中，聚结过程是关键，原油脱水处理的效果及效率取决于聚结性能和聚结分离所需的时间，而这种聚结时间直接决定着处理设施的设计规模与基建成本。

　　一套脱水系统一般需要包括各种不同类型的设备，国外油田最常见的有：游离水脱除器、冲洗罐、沉降罐、组合式油气分离—加热—油水分离器、化学剂注入系统、电脱水器。

　　游离水可以简单地定义为与原油一起采出、而在较短的时间内即能够从原油中沉降析出的水。优先脱除游离水，除了能够减小流动管道尺寸和处理系统的规模外，还有利于降低脱水处理中加热环节的热耗以及降低腐蚀，因为不同于乳化水，游离水恰恰与金属表面直接接触。游离水在原油生产中也有着其自身的优点，那就是油藏流体中的游离水可以携带等量原油 2 倍的热量而沿油管举升到地面，这有利于后续的破乳脱水。也正是如此，往往含游离水油井采出液的温度要比只采出原油的温度高。另外，游离水可发挥一定的水洗作用，以促进原油乳状液破乳。在国外油田，分离游离水的游离水脱除器既有作为一个独立单元使用的，也有作为油气分离、加热组合使用的。

　　正如前面所述，沉降过程中添加化学破乳剂可以实现原油乳状液破乳，但有些原油乳状液还需要加热促进水的分离析出，一些稳定性更强的致密乳状液则需要在沉降过程中辅以多种方式联合破乳。与我国油田类似，国外油田在原油脱水处理中基本上也是利用两种或两种以上的组合方法（如加热、添加化学破乳剂、外加电场），以解决原油乳状液的问题，下面将详细介绍每种方法的原理、设备及工艺。

　　1. 加热法

　　加热法是处理油水乳状液最常见的方法，该方法促进油水乳状液破乳和水滴聚并分离过程的机理可通过以下液滴沉降速度方程来描述：

$$u = 5.447 \times 10^{-7} \frac{(\Delta \gamma) d_{\mathrm{m}}^{2}}{\mu_{\mathrm{o}}} \tag{3-3}$$

式中　u——水滴沉降速度，m/s；

　　　　$\Delta \gamma$——油水的相对密度差；

　　　　d_{m}——水滴直径，μm；

　　　　μ_{o}——原油黏度，mPa·s。

　　加热法通过多种作用促进原油乳状液的破乳和水滴的分离，由于所有类型原油的黏度都会随温度升高而快速降低，降低原油黏度是加热法最显著的作用，黏度的降低有利于增加水滴沉降速度，从而促进油中含水的分离。随着油水混合物温度升高，油和水的相对密度均降低，但原油相对密度随温度升高而降低的程度较水的相对密度降低程度更显著，这就使得在加热升温过程中油水间的相对密度差异凸显，有利于水滴的沉降分离。以国外油田某原油采出液为例，当加热使温度从 15.5℃增加到 65.5℃时，水的相对密度从 1.05 降低到 1.03，原油的相对密度则从 0.83 降低到 0.79，油水之间的相对密度差从 15.5℃时的 0.22 增大到 65.5℃时的 0.24。根据式（3-3），$\Delta \gamma$ 的增大将加快水滴沉降速率，有利于油中含水的脱除。当然，这种油水相对密度差随温度的变化还是微小的，不跟黏度一样具有显著的影响，尤其当原油脱水处理温度高于 90℃以上时，这一影响因素几乎可以忽略。

另外，对于某些特定的原油，加热升温也许会对油水相对密度差带来反向作用，如对于一些重油，油水的相对密度在某些温度下是近似相同的，在这种情况下，形成油水乳状液的脱水分离过程将难以进行，因此应当通过合理设计加热温度，以尽量避免这种状况。

加热法的另一有益效果是升高温度能够促进小水滴运动，进而发生聚并而由小水滴形成较大的水滴，这种水滴尺寸的增加将加速沉降分离过程。同时，加热还有助于油水界面乳化膜失稳，从而促进破乳。此外，加热可以溶解细小的石蜡与沥青质晶体，抵消它们作为原油乳化剂的潜在作用。

当然，加热法破乳脱水仍然有一些自身的缺陷，如，对原油的加热会导致其中轻烃组分的损耗，造成原油量的损失。例如，国外油田矿场有数据表明，将 API 度为 35° 的原油从 37.5℃加热到 65.5℃时，会导致有超过 1% 的原油量发生蒸发损耗。尽管蒸发出的轻烃组分可以被收集而与天然气一起销售，但这仍然不足以弥补由于原油损耗而造成的经济损失。另外，轻组分的蒸发还会带来原油 API 度下降的问题，进而降低油品品质而影响销售价格。同时，加热法需要额外的加热处理设备投资，以及涉及燃料气的操作成本及维护成本。因此，国外油田提倡，除非是必要的情况，否则应当尽量避免选择加热法作为原油脱水处理方法，如果必须使用该方法，也是建议以最小化加热量来利用加热法的一些优势。

（1）加热方式。

加热法应用于原油脱水处理时，一般采用天然气作为供热燃料，但在一些特殊情况下，也可采用原油作为燃料。如图 3-5 所示，基本的加热方式有两种，一种是直接式加热，另一种是间接式加热。基于直接式加热的设施称作直接加热器，在该方式下，原油乳状液通过的盘管直接与燃料燃烧后的热烟气接触，或者是将原油乳状液转入使用火管加热器的容器内进行加热；基于间接式加热的设施称作间接加热器，在该方式下，原油乳状液通过浸没在热水浴中的盘管，燃料燃烧后的热烟气热量以水为传热介质传递给盘管中的原油乳状液。采用哪种加热方式，取决于原油乳状液中游离水的含量，国外油田矿场实践中，当游离水的含量在 1%～2% 时，通常采用间接式加热，而当原油乳状液中游离水的含量足以在火管周围保持一定水位时，则采用直接式加热法。

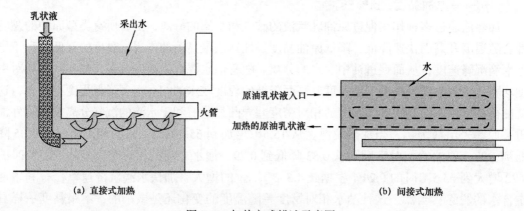

(a) 直接式加热　　　　　　　　　　　　　(b) 间接式加热

图 3-5　加热方式描述示意图

热传递到液体或由液体获得的热量为

$$q = mc\Delta T \tag{3-4}$$

式中　q——热量传递或获得的速率，J/h；

　　　m——液体的质量流量，kg/h；

　　　c——液体的比热，J/（kg·℃）；

　　　ΔT——由于热传递作用而升高的温度，℃。

　　而液体的质量流量可以表达为

$$m = 6.8\gamma Q \tag{3-5}$$

式中　m——液体的质量流量，kg/h；

　　　Q——液体的体积流量，m³/h；

　　　γ——液体的相对密度。

　　在利用加热方法脱水前，先必须去除部分游离水，使其剩余乳化水和水滴直径不超过 500μm 的游离水，为了估算对原油乳状液加热所要求的总热量 q，应分别考虑传递到原油的热量 q_o、传递到原油乳状液中水的热量 q_w 及热量损失 q_1，则

$$q_o = 6.8\gamma_o Q_o c_o \Delta T \tag{3-6}$$

$$q_w = 6.8\gamma_w f_w Q_o c_w \Delta T \tag{3-7}$$

式中　Q_o——原油的体积流量，m³/h；

　　　c_o——原油的比热容，J/（kg·℃）；

　　　γ_o——原油的相对密度；

　　　f_w——原油乳状液中体积含水率，%；

　　　c_w——水的比热容，J/（kg·℃）；

　　　γ_w——水的相对密度；

　　　ΔT——原油乳状液加热升高的温度，℃。

　　热量损失通常以总输入热量的百分比来表示：

$$q_1 = lq \tag{3-8}$$

式中　l——热量损失率，%。

　　据式（3-6）、式（3-7）和式（3-8），便可按照式（3-9）估算加热原油乳状液所需要加热设施的热负荷 q：

$$q = 7.17 \times 10^3 \frac{1}{1-l} Q_o (\Delta T)(\gamma_o c_o + f_w \gamma_w c_w) \tag{3-9}$$

（2）加热器类型。

　　国外油田不同类型的矿场加热器和加热处理器如图 3-6 所示，包括立式结构加热处理器、卧式结构加热处理器及类似沉降罐结构加热处理器。立式结构加热处理器主要作为单井处理器来使用，油井采出液从处理器顶部侧面进入，气相被分离，并从加热处理器顶

部的除雾器排出,液相通过下导管向下流,并通过位于略低于油水界面的流量分配器排出到加热处理器底部区域,使原油乳状液经历水洗,促进悬浮于原油相中的小水滴聚结。之后,原油及其乳状液向上流动,与加热器火管发生热交换,并进入聚结段。聚结段通常是充满一些多孔结构的材料,以提供充分的时间使水滴聚并,并使其从油相中沉降脱除。最后,处理的原油汇集在立式结构加热处理器中。

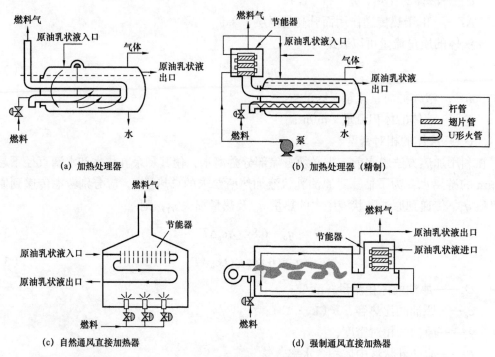

图 3-6 国外油田加热器类型

卧式结构加热处理器通常是用在集中化的多井处理设施上,采出液首先进入靠近加热处理器顶部的加热段,气体在这里闪蒸、分离,并通过除雾器排出,液相沿加热处理器内表面切向流动并汇入到油水界面以下,同样进行能够促进游离水聚结分离的水洗过程。之后,原油及其乳状液向上流动,在与火管发生热交换后,流过堰板进入到位于加热处理器底部的缓冲室,然后这些加热后的原油及其乳状液通过一个流量分配器进入到加热处理器的聚结段,发生聚结分离后,油流向上,进入可以使油流保持垂向的加热处理器收集系统。聚结段同样通过尺寸设计与调节,允许获得充分的停留时间,以保证水滴的聚并和沉降脱除。分离出的水则由加热处理器的两个部位排出,分别是加热段的底端和聚结段的底端,出口阀均由液位控制器控制。

类似沉降罐结构加热处理器是一个在常压下工作的大口径立式罐,这类加热处理器主要应用于一些不需要或者只需要较少热量即可完成采出原油乳状液脱水处理的小型油田。当需要加热时,该加热处理器最普遍的方式是在油井采出液进罐之前对它们进行预加热,然后从罐顶部进入,气体在这里闪蒸、分离,液相进入下导管,并通过油水界面以下的一个分配器离开下导管而垂直向上流动,流经罐的横截面。随着原油及其乳状液乳液的上升，首先是水洗聚结水滴，之后是在沉降段充分的停留，以使水滴沉降分离，其沉降分离流向与油流方向相反，进而汇集于罐体底部集水单元。

2. 化学法

如前所述，一些原油乳状液在利用加热法而不加化学破乳剂的情况下即可实现破乳，而一些原油乳状液则仅通过投加化学破乳剂的化学法即可实现破乳，当然，加热法和化学法的联合则将更有效地促进破乳。对于化学法来说，所加入的化学破乳剂一般是由相对较高分子量聚合物组成的特殊表面活性剂，在破乳脱水处理过程中，这些破乳剂首先迁移、吸附到油水界面，通过降低界面膜内侧的表面张力（也就是液滴水相侧的表面张力），使稳定的油水界面膜破裂并顶替原本排列在油水界面的乳化剂。也就是说，当破乳剂被加入原油中时，它们会迁移到油水界面，进而破坏稳定的界面膜。

（1）化学破乳脱水机理。

如图 3-7 所示，当破乳剂迁移到油水界面后，将发挥促进小液滴絮凝、破坏界面膜、水滴聚并分离的功能。在实践中，化学破乳剂迁移到油水界面的速度越快，越易获得良好的破乳效果。

化学破乳剂的注入采用小型柱塞泵，这类泵能够将小剂量的破乳剂喂入油流中，一般情况下，每升化学破乳剂可以用于处理 $15\sim20m^3$ 的原油，根据处理原油类型的差异，投加的化学破乳剂浓度一般在 $10\sim60mg/L$，因此在实际

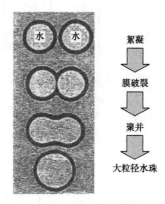

图 3-7　化学破乳剂的作用机理描述示意图

生产运行中选用合适的溶剂对化学破乳剂进行一定程度的稀释是必要的。化学破乳剂通常是结构比较复杂的、具有表面活性特征的有机化合物，可以通过非离子型、阴离子型、阳离子型等材料的复配，产生表面活性，一些常见的破乳剂是磺酸盐、聚乙二醇酯、多胺化合物等。当然，过量的化学破乳剂投加也是不利的，就产生通常所说的过度处理，这除了会增加不必要的操作成本外，还将导致一个更致密乳化行为的发生。

（2）化学破乳剂的选择与注入。

对于原油处理过程中适合破乳剂的选择，首先是对基于原油乳状液样品进行测试评价和筛选。国外油田的一般做法是将具有代表性的原油样品分为 12 瓶或者更多瓶试样，对于每瓶试样，分别滴入不同的化学破乳剂，然后通过振荡或者加热，以确保破乳剂与原油乳状液充分混合，最终根据试样脱水分离程度的大小情况选择合适破乳剂。从国外油田应用的角度看，大部分的破乳剂是油溶性而非水溶性，因此在生产中通常运用一些溶剂对破乳剂进行稀释，从而获得更大体积规模的溶液注入，以确保化学破乳剂在投加后能与原油乳状液充分混合。对于破乳剂的注入节点位置，在很大程度上取决于破乳剂的类型。例如，对于水溶性破乳剂，通常是在游离水被除去后注入，否则大部分的破乳剂会随着游离水的脱出而损失。

国外油田一般选择在三个节点位置投加化学破乳剂，一个是井口加药，也就是在油嘴上游注入化学破乳剂，如图 3-8（a）所示，此情形下，由于从井口到油气分离器，压力显著降低，油嘴处将发生强力搅动，化学破乳剂将与采出液充分混合，所以此处也被认为是一种理想的注入节点。再一个是分离器加药，也就是在分离器液位控制阀上游注入化学破乳剂，如图 3-8（b）所示，此情形下，由于经由控制阀时压力降低而出现搅动，使化学破乳剂与采出液混合。

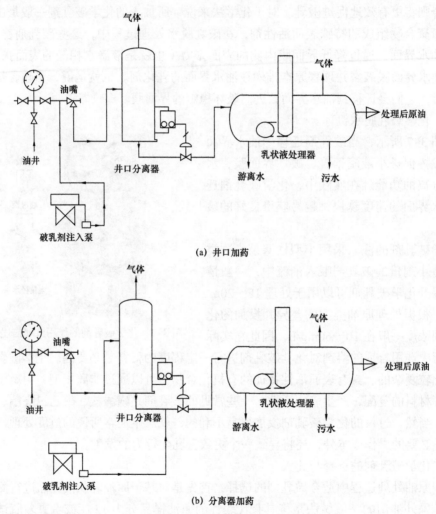

(a) 井口加药

(b) 分离器加药

图 3-8　化学破乳剂投加工艺

另外，对于矿场处理系统中不涉及油气分离器的情况时，加药节点选择在原油乳状液处理器前端 50～65m 处的位置。

3. 电场法

外加电场是原油破乳脱水的第三种处理方式，然而，不像加热法和化学法的直接性破乳效果，电场法脱水是旨在加快水滴的聚结，进而沉降，换句话说，电场法脱水并不是通过电场作用而直接性地破坏乳状液。

在乳化原油脱水过程中，离不开三个连续的步骤，那就是破坏乳状液、水滴的聚并及沉降与分离。假设这三个步骤中对比于第二步，第一步和第三步均是快速过程，那么可以断定水滴的聚并过程是关键，其对整个脱水过程具有控制性，也就是说水滴的聚并作为时间的函数，直接影响着沉降分离性能。因此，在脱水器的设计中，往往实施一些能够缩短水滴聚并时间，进而提高沉降效率的手段，例如在沉降段安装一种聚并介质以加快水滴间聚结、变大，或是辅以离心力来促进分离，或是在处理器脱水段引入高压电场等。

（1）电场破乳脱水机理。

原油乳状液采用电场法破乳脱水的基本原理是静电分离，该方法早在 1930 年就被引入到炼油厂的原油脱盐中，通常使用 10000～15000V 的高压。在此高压电场中，由于水滴是由极性分子构成，其中氧离子有负电荷，氢离子则带有正电荷，这些极性力促使水滴磁化，并响应于外部电场力，从而使得原油乳状液中水滴之间产生偶极引力，导致互相之间聚并行为发生，实现沉降与分离。同时，在高压电场下，水滴快速振动，促进稳定界面膜强度的削弱，直至其破坏。并且水滴表面不断膨胀，形状向椭球形改变，增强相互之间的吸引、碰撞与聚并。另外，随着水滴的结合，液滴不断增长，直至油水密度差发挥主导作用而沉降到处理器底。

（2）电化学脱水器。

正如前面加热法脱水部分的介绍，国外油田对一般的原油乳状液处理器通常称作加热处理器，而当使用其他额外处理方法时，处理器的名称往往需要反映出相应的处理方式。所以，针对辅以化学破乳剂的电场法脱水，也就有了电化学脱水器。

如图 3-9 所示为典型电化学脱水器的结构，加热并投加化学破乳剂后的原油乳状液进入沉降段，此时游离水在热化学作用下不断地从体系中分离并沉降到底部，随后油流缓慢上向流，经过脱水段的电极板区域，在这里进行电场法脱水，残留的乳化水得以分离，净化原油从处理器的顶部流出。

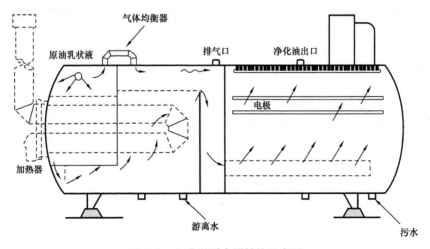

图 3-9　电化学脱水器结构示意图

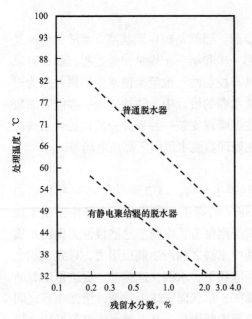

图 3-10　电场对聚结的影响例证

在原油乳状液进入电极板区域之前，大部分的乳化水在加热和化学破乳剂双重作用下已被脱除，国外常规原油在进入电场脱水之前的含水量能低至 1%～0.5%。总之，电场的引入对原油乳状液处理器的性能产生重要影响，如图 3-10 所示为在国外油田利用电化学脱水器（电场法）改善原油脱水过程中水滴聚结性能的一个典型例证，其所应用于原油的相对密度为 0.9042。

三、原油脱水器的设计

这里主要围绕聚结单元尺寸的确定和加热负荷介绍原油脱水器的设计。为了获得含水合格的原油，在脱水过程中必须要清楚脱除水滴的最小尺寸，而乳状液的温度、停留时间、原油黏度都会影响到需要脱除的水滴的尺寸。如前所述，加热原油乳状液可使水滴更易碰撞、聚并而形成较大水滴，所以随着原油乳状液温度的升高，被脱除的水滴尺寸变大；增加停留时间有利于小水滴变大，然而当停留时间增加到一定程度后，继续增加停留时间并不会显著影响水滴的尺寸，对于实际设计的脱水器，停留时间通常是在 10～30min，越是重质油，停留时间往往越长；在合理的时间内，随着原油黏度增大，脱除水滴的尺寸更大，国外油田矿场运行中建立了经验性的关系，认为在处理后原油含水量低于 1% 时，对于黏度 μ_o 小于 80mPa·s 的原油，其脱除水滴的最小粒径为 $200\mu_o^{0.25}\mu m$，在电脱水器中，当 $3mPa·s < \mu_o < 80mPa·s$ 时，脱除水滴的最小粒径为 $170\mu_o^{0.25}\mu m$。

在确定了需要脱除水滴的尺寸后，就需要考虑脱水器的聚并沉降单元能够为这些水滴的沉降提供足够的空间，并确保需要的停留时间。根据这两项条件，便可以建立原油脱水器的尺寸控制方程。

1. 卧式脱水器设计

（1）水滴沉降约束。

根据液滴沉降速度方程，为了确保沉降过程的进行，脱水器中原油的平均上浮速度不能超过水滴的下沉速度，而原油的平均上浮速度可以通过其体积流量除以流经的横截面积来获得。

相似于前面油气分离器设计的介绍，如果将脱水器的内径 D 以英寸（in）表示，聚结沉降单元的有效长度 L 以英尺（ft）表示，则有

$$u_o = 7.792 \times 10^{-4} \frac{Q_o}{DL} \tag{3-10}$$

式中　u_o——原油平均上浮速度，ft/s；

　　　Q_o——原油体积流量，bbl/d。

而在对应统一单位下，水滴的下沉速度式（3-3）可表达为

$$u = 1.787 \times 10^{-6} \frac{(\Delta\gamma) d_m^2}{\mu_o} \tag{3-11}$$

根据脱水器中原油平均上浮速度不能超过水滴下沉速度的约束关系，便有

$$DL = 436 \frac{Q_o \mu_o}{(\Delta\gamma) d_m^2} \tag{3-12}$$

（2）停留时间约束。

停留时间可以通过沉降聚并单元原油的体积除以其体积流量确定，假设原油占据沉降聚并单元总体积的75%，则有

$$D^2 L = \frac{Q_o t}{1.05} \tag{3-13}$$

式中　t——停留时间，min；

　　　D——脱水器的内径，in；

　　　L——聚结沉降单元的有效长度，ft。

（3）设计程序。

下面的程序用于原油脱水器最小规格聚并处理单元及加热负荷的设计确定，在国外油田，主要是由供应商来提供原油脱水器设计的细节和规格尺寸。

① 首先是确定处理温度，主要通过实验室测试或依靠经验来完成。最佳的处理温度要求在实际脱水器规格下获得最小的原油损失。在国外油田实践中，有时也在按以下程序设计完成后，再在不同温度下进行处理、对比，并根据对比结果再确定脱水处理温度。

② 明确需要脱除水滴的最小粒径。

③ 据式（3-12）获得满足水滴沉降约束时 D 与 L 之间的关系，并假定不同的 D 值，利用该关系确定对应的 L 值。

④ 据式（3-13）获得满足停留时间约束要求时 D 与 L 之间的另一关系，假定与第③步中相同的 D 值，利用该关系确定对应的 L 值。

⑤ 对比③、④两步中获得的结果，选取一组同时满足水滴沉降约束与停留时间约束的 D，L 组合。

⑥ 利用式（3-9）确定所设计选取处理温度的加热负荷。

（4）设计案例。

下面是国外某油田矿场操作条件下设计卧式原油脱水器的案例。

案例操作条件：原油体积流量为7000bbl/d（约为1150m³/d），脱水器来液沉淀物和底水（BS&W）为15%，原油相对密度为0.86，原油黏度为45mPa·s（85℉）、20mPa·s（105℉）、10mPa·s（125℉），水的相对密度为1.06，原油的比热容为0.5BTu/（lb·℉）[约

为 2092J/（kg·℃）]，水的比热容为 1.1BTu/（lb·℉）[约为 4600J/（kg·℃）]，脱水器来液温度为 85℉（约为 29℃），停留时间为 20min，设计处理温度为 105℉（约为 41℃）、125℉（约为 52℃），脱水器出口沉淀物和底水（BS&W）指标为 1%。

首先，按照经验性关系，确定案例中不同温度下水滴的粒径。

当 T=85℉（29℃）时

$$d_m = 200\mu_o = 200（45）^{0.25} = 518（\mu m）$$

当 T=105℉（41℃）时

$$d_m = 200\mu_o = 200（20）^{0.25} = 423（\mu m）$$

当 T=125℉（52℃）时

$$d_m = 200\mu_o = 200（10）^{0.25} = 356（\mu m）$$

然后，忽略温度对相对密度的影响，建立不同处理温度下满足水滴沉降约束时 D 与 L 的关系。

当 T=85℉（29℃）时

$$DL = 436\frac{Q_o\mu_o}{\Delta\gamma d_m^2} = 2559$$

当 T=105℉（41℃）时

$$DL = 1706$$

当 T=125℉（52℃）时

$$DL = 1204$$

之后，建立满足停留时间约束要求的 D 与 L 的另一关系：

$$D^2L = \frac{Q_o t}{1.05} = \frac{7000 \times 20}{1.05} = 133.333$$

此时，假定一个 D 值，根据前面两个关系确定对应的 L 值，9 种设计组合见表 3-1。

表 3-1 卧式原油脱水器案例设计结果

编号	D, in	满足水滴沉降约束的 L, ft			满足停留时间约束的 L, ft
		85℉（29℃）	105℉（41℃）	125℉（52℃）	
1	60	42.65	28.43	20.07	37.04
2	72	35.54	23.69	16.72	25.72
3	84	30.46	20.31	14.33	18.90
4	96	26.66	17.77	12.54	14.47
5	108	23.69	15.80	11.15	11.43

续表

编号	D, in	满足水滴沉降约束的 L, ft			满足停留时间约束的 L, ft
		85℉（29℃）	105℉（41℃）	125℉（52℃）	
6	120	21.33	14.22	10.03	9.26
7	132	19.39	12.92	9.12	7.65
8	144	17.77	11.85	8.36	6.43
9	156	16.40	10.94	7.72	5.48

对于不同的脱水器直径 D，其相应聚结沉降单元的有效长度 L 应是既能满足水滴沉降约束，也能满足停留时间约束，也就是 D 与 L 的任何组合，其关系曲线不应位于满足停留时间约束要求的 D—L 关系曲线以下。从表 3-1 中可以看出，随着原油脱水处理温度的提高，聚结沉降单元的有效长度减小；对于该案例，在 125℉（52℃）温度下脱水是不必要的，因为相比于温度从 85℉（29℃）升高到 105℉（41℃），脱水器聚结沉降单元有效长度减小的幅度显著下降，增加温度反而会影响原油损失；该案例经济实用的 D 与 L 组合应为 84in、21ft，加热器提供 105℉（41℃）的处理温度条件。

最后，据式（3-9）计算此操作案例的加热负荷，其中假设热量损失率为 10%，则

$$q = 7.17 \times 10^3 \frac{1}{1-l} Q_o (\Delta T)(\gamma_o c_o + f_w \gamma_w c_w)$$
$$= 1487458427 \text{J/h}$$

因此，一个热量传递速率额定值为 1500MJ/h 的加热器便是一个理想的选择。

当然，在矿场安装原油脱水器后，应该在不同设置条件下先运行脱水器，跟踪其处理效果，以确定在最小热耗下满足处理指标的最佳操作条件。同时，操作条件的优化也是在生产运行中为适应矿场条件的改变而持续不断的一项工作。

2. 立式脱水器设计

（1）水滴沉降约束。

同理于卧式脱水器中水滴沉降约束的确定，立式脱水器中原油的平均上浮速度也不能超过水滴的下沉速度，而原油的平均上浮速度也是通过其体积流量除以流经的横截面积来获得，只不过对于立式脱水器，当其内径 D 以英寸（in）表示时，该横截面积 A 为

$$A = \frac{\pi}{4} \left(\frac{D}{12} \right)^2 \tag{3-14}$$

则原油平均上浮速度 μ_o 为

$$u_o = 1.19 \times 10^{-2} \frac{Q_o}{D^2} \tag{3-15}$$

式中　u_o——原油平均上浮速度，ft/s；

　　　Q_o——原油体积流量，bbl/d。

而对应统一单位下，求解水滴的下沉速度同样用式（3-11）。

于是建立满足水滴沉降约束的关系有

$$D^2 = 6665 \frac{Q_o \mu_o}{\Delta \gamma d_m^2} \qquad (3-16)$$

（2）停留时间约束。

同理于卧式脱水器中停留时间约束的分析，停留时间可以通过沉降聚并单元原油的体积除以其体积流量确定，假设沉降聚并单元的高度为 H（in），则有

$$D^2 H = 8.575 Q_o t \qquad (3-17)$$

（3）设计程序。

类似于卧式脱水器，下面的程序用于原油立式脱水器最小规格聚并处理单元及加热负荷的设计确定。

① 首先同样是确定实际脱水器规格下能够获得最小原油损失的最佳脱水处理温度。一般是假设不同的处理温度，最终根据对设计结果的分析来确定。

② 明确需要脱除水滴的最小粒径。

③ 据式（3-16）获得满足水滴沉降约束时的脱水器最小直径 D。

④ 对于不同的假设处理温度，重复前面步骤，确定这些温度对应的 D 值。

⑤ 据式（3-17）获得满足停留时间约束要求时 D 与 H 之间的关系，并假定不同的 D 值，利用该关系确定对应的 H 值。

⑥ 分析设计结果，确定该每个处理温度下 D 与 H 的组合，以同时满足水滴沉降约束与停留时间约束要求。

⑦ 利用式（3-9）确定所设计选取处理温度的加热负荷。

（4）设计案例。

下面是国外某油田矿场操作条件下设计立式原油脱水器的案例。

案例操作条件：设计产量为 1200bbl/d（约为 200m³/d）单井立式加热脱水器，来液沉淀物和底水（BS&W）为 15%，原油相对密度为 0.86，原油黏度为 45mPa·s（85℉）、20mPa·s（105℉）、10mPa·s（125℉），水的相对密度为 1.06，原油的比热容为 0.5BTu/（lb·℉）[约为 2092J（kg·℃）]，水的比热容为 1.1BTu/（lb·℉）[约为 4600J（kg·℃）]，来液温度为 85℉（约为 29℃），停留时间为 20min，设计处理温度为 105℉（约为 41℃）、125℉（约为 52℃），脱水器出口沉淀物和底水（BS&W）指标为 1%。

同样，首先按照前述经验性关系，确定案例中不同温度下水滴的粒径。

当 $T=85℉$（29℃）时

$$d_m = 518\mu m$$

当 $T=105℉$（41℃）时

$$d_m = 423\mu m$$

当 $T=125℉$（52℃）时

$$d_m = 356\mu m$$

然后，确定三种处理温度下满足水滴沉降约束的脱水器最小直径。

当 $T=85℉$（29℃）时

$$D = 81.89in$$

当 $T=105℉$（41℃）时

$$D = 66.86in$$

当 $T=125℉$（52℃）时

$$D = 56.17in$$

此时，建立满足停留时间约束要求的 D 与 H 的关系：

$$D^2H = 8.575Q_ot = 205800$$

据此关系，假定不同的 D 值，确定对应的 H 值，并绘制二者的关系曲线。所有落在这一 $D—H$ 关系曲线下方的 D 和 H 均是不符合设计要求的。对于三种处理温度，当沉降聚并单元的高度 H 等于或大于其与 $D—H$ 关系曲线交点处的值时，便可以同时满足水滴沉降约束和停留时间约束。该设计案例的合理选择便是 D 为 66in、H 为 5ft，加热处理温度为 105℉（41℃）。

最后，同样据式（2-9）计算此操作案例的加热负荷，假设热量损失率为 10%，则

$$q = 254992873（J/h）$$

因此，一个热量传递速率额定值为 260MJ/h 的加热器便是一个理想的选择。

四、原油脱盐工艺

原油经历脱水之后，还会有盐分溶解在残留的乳化水中，国外油田以每千桶原油中的当量氯化钠磅数表示原油中的盐含量，按毫克每升（mg/L）计，折算 42～57mg/L 的盐含量是其可接受的限值，在盐含量超过 57mg/L 时，认为脱盐操作极为重要，含盐量一方面取决于正常脱水后原油中残留的乳化水量，另一方面取决于水源的矿化度，因此，原油脱盐是继脱水处理后一项重要的操作，盐分矿物组成一般主要是钠、钙和镁的氯化物，表 3-2 汇总了国外一些典型原油的平均含盐量。

表 3-2　国外典型原油含盐量

原油来源	平均含盐量，mg/L
中东	22.8
委内瑞拉	31.5

原油来源	平均含盐量，mg/L
美国宾夕法尼亚州	2.9
美国怀俄明州	14.3
美国得克萨斯州东部	79.8
墨西哥湾海岸	99.8
美国俄克拉何马州和堪萨斯州	222.3
美国西得克萨斯州	743.9
加拿大	570.1

原油脱盐旨在消除或尽量最小化原油中矿物盐存在带来的问题，这些盐分经常在蒸馏装置的传热装置上沉积氯化物，并导致结垢效应。同时一些氯化物还会在高温下分解，形成腐蚀性盐酸，如在高温和水环境下：

$$MgCl_2 \xrightarrow[H_2O]{高温} Mg(OH)_2 + HCl$$

国外要求脱除这些盐分而使盐含量降低到 14.3mg/L，以在原油精炼过程中提供一个经济的操作循环。但即使如此低的盐含量，据统计，每天处理 3400t 的常规轻质原油也可能会产生相当于 29.5kg 的氯化氢（HCl）。所以作为炼油厂必要且关键的工序，国外认为炼油厂依然是对原油脱盐最经济的地方。但当考虑到市场或管道需求等因素时，在输送前需要在油田矿场进行原油的脱盐处理，不过涉及的工艺原理是相同的。下面重点介绍国外油田常见的一级脱盐工艺、两级脱盐工艺，以及脱盐工艺系统设计时的一些考虑事项。

1. 工艺描述

原油中的含盐量是原油中残留乳化水量与残留乳化水矿化度的函数，按照国外惯用每千桶原油中含盐磅数表示的方法，其遵循的关系式为

$$原油含盐量 = 350\gamma \frac{1000W_R}{100-W_R} \frac{S_R}{10^6} \qquad (3-18)$$

式中　W_R——残留乳化水的体积分数，%；

　　　S_R——乳化水的矿化度，mg/L；

　　　γ——乳化水的相对密度。

原油中的含盐量也可以用以下方法确定，如以原油中残留 1% 体积分数乳化水的 1/10 作为计算基础，以每千桶原油中含盐磅数表示的原油含盐量与以百万分比浓度千倍表示的残留乳化水矿化度之间的关系如图 3–11 所示，对于其他体积分数乳化水含量时，可以按

照图 3-11 的关系乘以相应的倍数确定原油含盐量。

通过降低残留乳化水体积分数 W_R 来降低原油含盐量的方法就是前面的原油脱水处理过程，降低原油含盐量的另一种方法便是大幅度减少残留乳化水中的溶解盐含量，也就是水的矿化度。脱盐的基本工艺是通过添加稀释水，按照如图 3-12 所示的任一种辅助手段实现分离。

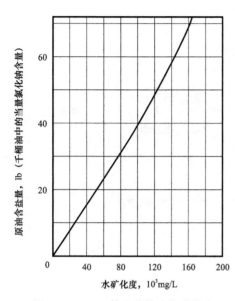

图 3-11 0.1% 体积分数残留乳化水
含量下原油的含盐量

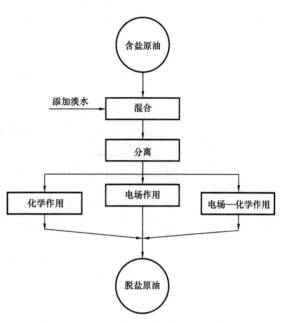

图 3-12 脱盐工艺的基本描述

如图 3-13（a）所示，将淡水、或矿化度低于残余乳化水矿化度的水作为冲洗水（也称为稀释水），与脱水后的原油相混合，进而降低原油中残留乳化水的矿化度，混合后的结果是形成油水乳状液。这类乳状液相同于前面脱水的方式进行脱水分离，分离出的水进入矿场采出水处理系统或处置井。在两级脱盐系统中［图 3-13（b）］，稀释水主要在第二级加入，第二级分离出水全部或部分回收并作为第一级的稀释水，所以两级脱盐系统往往能减少对冲洗水量的需求。脱盐工艺中的混合步骤通常是通过泵送原油、混合装置泵送冲洗水来完成，最简单的混合装置是一个节流阀，考虑通过增加混合时产生的界面面积可提高混合程度，有的矿场发展应用了多孔板混合器。尽管这种用淡水来稀释残余乳化水的做法在理论上是合理的，但在实际应用中却往往不能完全实现，这主要依赖于残余乳化水与外加稀释水的精细混合程度。

正如前面所述，在脱盐工艺的乳状液处理步骤中，通常辅以加热、化学、外加电场或它们之间组合的方式，以保证脱盐效果、提高脱盐效率。其中，化学脱盐过程涉及在预热的原油中加入化学破乳剂和冲洗水，然后沉降分离，沉降时间从几分钟到两小时不等，且常用的化学破乳剂有磺酸盐类、长链醇类和脂肪酸类等。

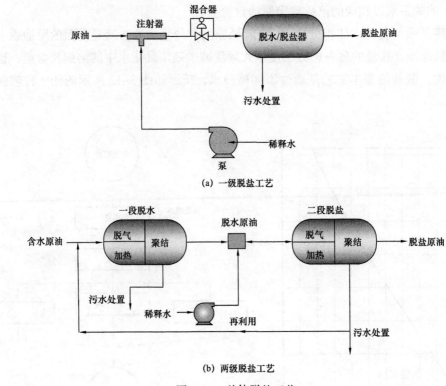

(a) 一级脱盐工艺

(b) 两级脱盐工艺

图 3-13　总体脱盐工艺

2. 电脱盐工艺

通过外加电场使小水珠聚结而促进其从原油中沉降分离，电场的构建模式分为以下3种。

（1）如图 3-14 所示，适用于含水量较高乳状液的交流电场装置，其利用交流电使极性水分子交替排列，从而促进聚并。

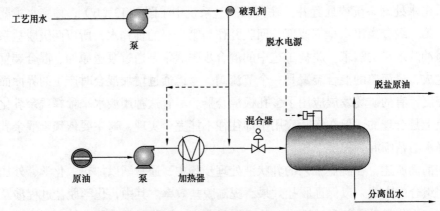

图 3-14　电脱盐工艺

（2）如图 3-15 所示，交直流电场进行组合，交流电场产生于电极下方的区域，而直流电场则产生于相邻电极之间，这种模式可以最大程度地脱除水。

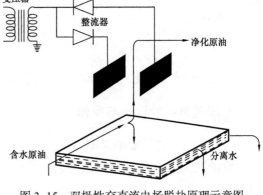

（3）施加变梯度电场，因为如果电场梯度增加到超过某一极限值，将产生电分散而使水珠变得更为细小，这一极限值为

$$E_c \leqslant k \frac{\sigma^{1/2}}{d} \qquad (3-19)$$

图 3-15　双极性交直流电场脱盐原理示意图

式中　k——介电常数；

　　　σ——界面张力；

　　　d——液滴直径。

显然，水珠大小可以由电场梯度控制，且电场既可以发挥混合，又可发挥分离乳化水珠的作用。通过循环施加变梯度电场强度，在液珠停留时间内电场作用过程可以重复多次，这种电场能够促使偶极水分子沿着电场方向排列对齐，进而聚结分离。

国外油田在电脱盐过程中，施加在沉降容器上的高压集中分布在 16500～33000V，同时，往往利用化学破乳剂和电场组合的优势进行脱盐操作。另外，在脱盐过程中，通常采用足够的压力来抑制因原油蒸发而造成烃类的损失，国外油田脱盐操作的压力通常在 0.35～1.70MPa。

3. 水洗脱盐工艺

从操作角度来看，根据残留乳化水的含量及其矿化度，国外油田在原油水洗脱盐过程中，稀释水的添加体积浓度一般在 5%～10%。可以利用式（3-20）确定具体的稀释水加量：

$$W_D = \frac{2.5 \times 10^3 \left(W_R\right)^{0.01533}}{\left(S_D\right)^{0.2606} \left(S_R\right)^{0.0758} E^{0.6305}} \qquad (3-20)$$

式中　W_D——稀释水添加体积分数，%；

　　　W_R——残留乳化水的体积分数，%；

　　　S_D——稀释水的矿化度，mg/L；

　　　S_R——残留乳化水的矿化度，mg/L；

　　　E——稀释水和残留乳化水的混合效率，%。

另一方面，式（3-21）与式（3-22）的关系可以设定原油含盐量的可接受限值，盐分的物料平衡满足：

$$EW_D S_D + W_R S_R = S_B \left(W_D + W_R\right) \qquad (3-21)$$

或

$$S_B=\frac{EW_DS_D+W_RS_R}{W_D+W_R} \tag{3-22}$$

式中 S_B——水洗工艺中稀释水与残留乳化水混合而成均相体系的平均矿化度，mg/L。

4. 脱盐系统的设计与操作

（1）脱盐工艺性能的影响。

原油脱盐效率是反映脱盐工艺性能的基本参数，其通常取决于以下一些操作条件和参数。

① 油—水界面层。油—水界面层应保持稳定，任何变化都会改变电场并干扰电聚结过程。

② 脱盐温度。温度通过影响原油的黏度而影响着聚结水珠的沉降，所以重质原油需要更高的脱盐温度。

③ 水洗比。重质原油需要较高的水洗比以促进电聚结效应，见表3-3，高水洗比的作用类似于升高脱盐温度。

表3-3　原油脱盐条件对应关系

原油密度，°API	脱盐温度，℃	最小水洗比，%
>40	110	2~4
30~40	110	4~8
<30	120	4~7
	130	8~10
	140	>10

④ 混合压降。高压降操作有益于形成稳定的乳状液，取得更好的水洗效果，当然，如果压降过大，乳状液反而可能很难被破坏。国外油田将轻质原油的最佳混合压降确定为0.15MPa，将重质原油的最佳混合压降确定为0.05MPa。

⑤ 破乳剂。化学破乳剂的加入能有助于完成静电聚结和脱盐，尤其在重质原油处理过程中，破乳剂非常重要，国外油田使用破乳剂在脱盐工艺中投加3~10mg/L。

（2）脱盐系统设计参数。

国外油田在脱盐系统的设计中，主要考虑以下主要参数：

① 处理量（主要针对传统的一级脱盐工艺或逆流接触式除盐器）；

② 脱盐级数；

③ 原油脱水程度；

④ 原油中水的矿化度；

⑤水洗混合效率;

⑥稀释水的矿化度;

⑦脱盐技术规范要求。

（3）脱盐系统操作故障诊断。

脱盐工艺运行中会出现一些故障性问题，需要操作者分析、判断和应对，表3-4列出了一些有助于解决脱盐过程可能存在的重要操作问题或故障的提示。

表3-4　原油脱盐操作问题及解决方案

问题	原因	解决方案
脱盐原油中含盐量超标	脱水后原油本身含盐量偏高；稀释水加入量少；原油流速超过设计流速；水洗环节混合不好	增加稀释水量；降低原油流速；增加混合压降
分离出水中含油量高	油—水界面层位置过低；形成厚的过渡层；稀释水量过量；稀释水水质差；原油温度过低	增加油—水界面层位置；投加化学破乳剂或切割中间层乳状液；降低混合压降；监测稀释水水质特性
脱盐原油中含水量超标	水洗流速过高；脱水后原油本身含水率偏高	降低水洗流速，启动或增加化学破乳剂注入；降低油—水界面层位置，检查分离出水阀

第二节　原油稳定与脱硫

经过脱气、脱水及脱盐后，原油就要被泵送到集输系统储罐设施中储存。然而，如果这些原油中存在属于轻烃或中间烃组分的任何溶解气及硫化氢（H_2S），则需要在储存前将这些溶解气和硫化氢去除，这就是所谓的原油稳定与脱硫过程。利用包括板式塔、气提塔等不同类型的稳定塔去除这些溶解气，利用辅以气基或蒸气基气提剂的稳定化或汽化工艺去除硫化氢（H_2S），从而减少潜在的安全隐患与腐蚀问题。当然，在蒸气压和允许硫化氢（H_2S）含量这两个重要的限制条件下，增加产量和提高相对密度是原油稳定的主要目标。在稳定过程中，调整储罐原油中含有的戊烷和较轻馏分可以改变原油的密度，原油的经济价值也相应地会受到稳定过程的影响。较之于气相，液相的储存和运输更有利，同时，稳定工序还可减少轻质原油储存过程中的气体损失。国外油田在矿场油气集输中，将这一过程描述为原油稳定与脱硫的双重过程。

酸性含水原油必须经过处理以使其在储存、加工和出口方面达到安全和环保的要求，表3-5对比了国外油田原油处理前后的基本性质，含水量、含盐量、溶解气含量及硫化氢（H_2S）含量变化反映了稳定和脱硫对原油质量的影响，水和盐的强制性去除能够避免腐蚀、提高油品质量，溶解气和硫化氢（H_2S）的分离将使原油符合处理、加工过程中的安全环保要求。

表 3–5　国外油田典型原油稳定与脱硫前后的基本性质

性质	处理方式	
	稳定与脱硫前	稳定与脱硫后
含水量	原油中高达 3% 体积分数的水以乳化水形式存在，3%～30% 体积分数的水以游离水形式存在	沉淀物、底水的体积分数不超过 0.3%
含盐量	地层水矿化度 50000～250000 mg/L	每 1000bbl 原油含 10～20lb 的盐（近似于 28～57mg/L，以 NaCl 计）
溶解气	溶解气的含量取决于油气比	
蒸气压	—	3.45×10^4～1.38×10^5Pa（雷德蒸气压）
H_2S 含量	按质量计的含量高达 1000 mg/L	按质量计的含量 10～100mg/L

如果将危险的酸性气体从原油中除去，那原油就属于低硫原油；而如果在 $100m^3$ 的原油中溶解 $0.375m^3$ 的 H_2S，则属于含硫原油。硫化氢是一种有毒有害的气体，空气中 0.1% 的硫化氢在 30min 内就会导致人中毒死亡。所以，为了去除原油中残留的伴生气和存在的硫化氢（H_2S），必须通过这种双重操作进行额外的强制性处理。国外油田在原油稳定与脱硫工艺之前，原油往往是先缓冲到球罐内储存，以便将其压力降低到非常接近于大气压力，如图 3–16 所示。

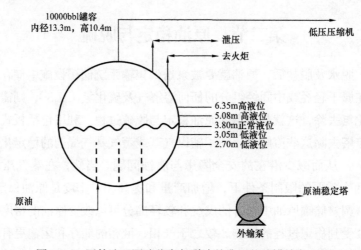

图 3–16　国外油田原油稳定与脱硫前典型的球罐储存工艺

原油稳定装置就是用于降低储存原油或凝析油的挥发性，最大限度地回收液态烃，以避免其混入天然气中而造成损失。本节即介绍国外油田原油稳定与脱硫的方法、工艺及相关设施。

一、稳定工艺及设施

如第二章第二节所述，传统油气分离工艺是由一系列操作压力在井口压力到接近大气压范围内的闪蒸容器（也就是所说的油气分离装置）所构成，从油气分离装置或脱盐装置最后一级排出的原油具有相等于体系在最后一级总压力的蒸气压。国外油田实践表明，这种系统的运行通常能使原油产生（$2.76\sim8.27$）$\times10^4$Pa 雷德蒸气压，原油的分压大部分来自低沸点化合物，这些化合物可能只有少量的存在，特别是像硫化氢和甲烷、乙烷等低分子量的烃类。原油稳定旨在不损失更有价值组分的前提下去除这些低沸点化合物，尤其是在储存过程中因排空而损失的烃。另外，低沸点的烃类产生的高蒸气压会带来安全隐患，从不稳定原油中析出的气体较空气组分重，难于分散，爆炸风险更大。

1. 稳定方法

原油稳定的机制就是基于使用多级分离和气提操作通过闪蒸去除更具挥发性的组分。稳定原油的两个主要技术规范是雷德蒸气压和硫化氢含量，对于不含硫化氢的低硫原油，不需要经历原油稳定，这种情况下，如图 3-17 所示，可以假设集输设施中有一个用以回收戊烷及其以上组分的汽油厂，允许通过蒸气回收装置收集储罐蒸气并将其直接送至汽油厂。

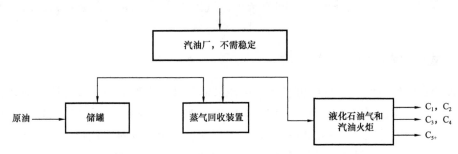

图 3-17　国外油田不需要原油稳定的矿场操作

而对于含硫原油，则必须经历稳定，这种情况下，假设集输设施中没有用以回收戊烷及其以上组分的汽油厂，可以采用如图 3-18 所概括的要么闪蒸、要么气提方法来实现原油稳定。实践表明，硫化氢的含量对原油稳定方法有一定影响，当满足 H_2S 技术规范的气提工艺要求较满足雷德蒸气压技术规范的气提工艺要求更严格时，会降低液态烃的回收率。因此，对于一个给定的生产设施，必须有针对性地确定产品规格，以获得最大的经济回报。

（1）闪蒸稳定法。

闪蒸稳定法就是利用原油储罐上部一个廉价的小容器来进行闪蒸。容器在大气压下运行，从分离器中分离出的蒸气通过一个蒸气回收装置来收集。闪蒸稳定工艺的基本原理与第二章第二节所述的油气分离相同。一般建议处理量较小的小型油气集输矿场使用这种方法。

（2）气提稳定法。

气提稳定操作主要是使用一种气提剂，气提剂可以是基于能量特性，也可以是基于质量特性去除原油中的低沸点烃和硫化氢气体等成分。这种方法在矿场较大处理量和缺少

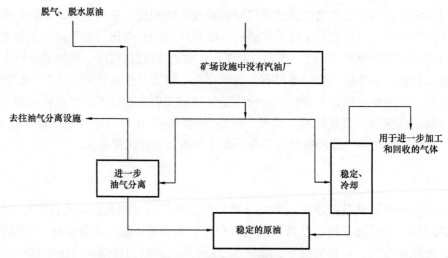

图 3-18　国外油田需要原油稳定的潜在方法

蒸气回收装置的工况下是经济合理的，同时，可作为稳定含硫原油这一双重目的的一体化操作。在该原油稳定与脱硫一体化的方法中，气提气用于稳定，稳定塔装置则用于气提操作。

2. 板式稳定塔类型及操作

原油稳定中通常使用常规回流型和非回流型两种基本类型的板式稳定塔，前者通常在 1～2MPa 工作，相比于其更适用于大型油田中央处理厂，它们在国外油田矿场处理装置中并不常见；后者通常在 0.35～0.6MPa 工作，它们常被称为冷进料式稳定塔，尽管非回流型稳定塔有一些局限性，但由于其设计和操作简单而被国外油田矿场处理设施中经常选用。

当在分离器中将液态烃去除时，液体就处于它的蒸气压或泡点，随后的每一次减压，会释放出更多的蒸气。因此，如果将原油直接从高压分离器中转入储罐，则将导致更轻和更重的组分产生蒸气而损失，这就解释了油气分离装置往往设计为多级的原因。尽管如此，无论分离级数多少，一些有价值的烃还是会随着顶部蒸气离开分离的最后一级或储罐而发生损失。

在储油罐条件下，通过对最后一级分离器的液体进行分馏，在最小化蒸气损失的同时，可获得最大体积的液态烃。这意味着使用一个简单的分馏塔，通过提高底部温度而释放的蒸气能与顶部的冷进料发生逆向流，互相之间在每组塔板上都进行接触、作用，蒸气扮演气提剂的作用，这一过程就是原油的稳定。

一般来说，常规回流型分馏塔需要的主要辅助设备有回流系统、泵、冷凝器、冷却水及一些在油田现场不方便获取的设施，而用于原油稳定操作的稳定塔或气提塔可在最少的这些辅助设备下运行，图 3-19 描述了最简单形式稳定塔的结构原理。

冷进料稳定塔通常在固定的顶部和底部温度下工作，顶部温度应尽可能保持在较低的水平，以最大限度地提高收率，而底部温度则应被控制以保持产物的底部压力。需要注意的是，塔顶气体温度与液体进料温度相同，因为离开塔的蒸气质量与进入塔的液体进料质

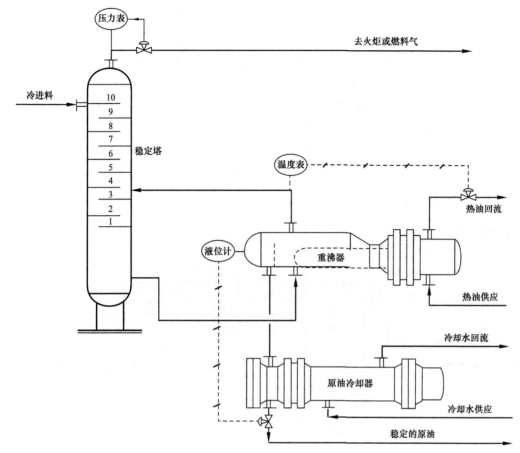

图 3-19 典型板式稳定塔结构原理示意图

量比相当小。大多数稳定塔都由 20 个泡罩塔板组成，在 1.35MPa 以上工作。对于高压稳定塔，由于其顶部塔板和底部塔板之间具有较高的温度梯度，所以会有更多的塔板数量，以使塔的运行更接近平衡。一般情况下，当塔的直径小于 0.5m 时，以填料代替塔板。国外油田有一个经验法则是，1ft^2 的塔面积每天可以处理大约 100bbl 的原油。在一些设计中，为了防止排气过程中携带液体，冷进料是在顶部塔板以下的几个塔板上引入，用更上部的塔板作为净化器。

一个稳定塔的矿场操作可以描述为：从油气分离装置流出的相对较冷的原油被喂送到稳定塔顶板，与塔内上升的蒸气相接触，蒸气发挥气提剂的效应将原油中的轻组分携带而出。同时，类似于精馏过程，相对较冷的原油还扮演内部回流的作用，冷凝并溶解上升蒸气中较重的组分。为了获得某种技术规格的稳定产品，从理论上讲，稳定塔可以在塔的压力参数与底部温度参数的多种组合下运行。一般来说，随着压力的增加，更多的轻组分会在底部冷凝，而在正常操作中，最好使塔在尽可能不会在最开始进料闪蒸时损失太多轻组分的低压下运行，这样可以减少排气，使塔在接近平衡的状态下运行。此外，较低的操作压力需要较少的重沸器负荷和更少的燃料消耗。如图 3-20 所示为国外油田一个每天能够处理 40000bbl 原油的非回流型稳定塔运行案例数据。

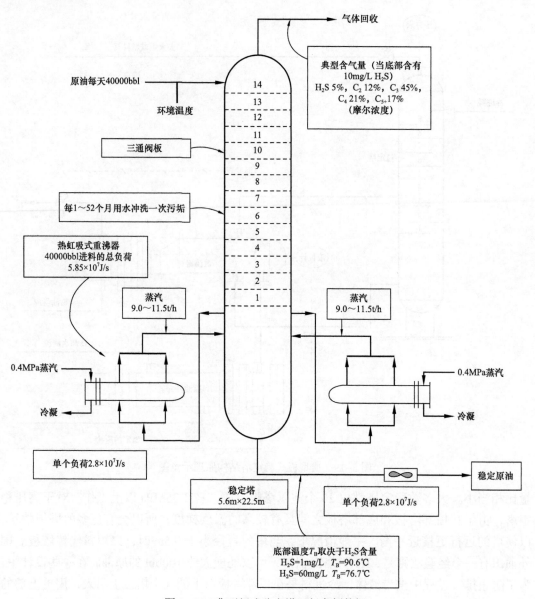

图 3-20 典型板式稳定塔运行案例数据

3. 稳定塔应用工况选择

矿场应用中的原油稳定塔应具有以下特点：

（1）要求最少的辅助设施，且尽量可在矿场方便获取，如以天然气作为燃料；

（2）必须能够无人值守操作，并能承受相关故障安全排查、消除操作；

（3）必须配置简单而可靠的控制系统；

（4）设计上应选择便于现场拆卸与重新组装的方式；

（5）稳定塔的维护应简单、直观。

相对于简单的多级分离，稳定塔的应用在以下工况条件下是合理的：

（1）一级分离温度在 –17.8～–4.5℃之间；

（2）一级分离压力在 8.2MPa 以上；

（3）储罐原油 API 度大于 45°；

（4）即便原油 API 度小于 45°，其中也应含有大量的戊烷以上组分；

（5）稳定后的原油产品要求轻组分最少。

二、脱硫工艺及设施

除了低硫原油的稳定问题外，含硫化氢、硫醇和其他硫化物的含硫原油还会在矿场处理中给油田生产设施带来不寻常的问题和限制，主要表现在：

（1）考虑到人员的安全和腐蚀问题，H_2S 的浓度应降低到安全水平以下；

（2）黄铜和铜制材料与硫化物特别易反应，在集输设施中应禁止使用；

（3）钢结构中存在硫化物应力开裂问题；

（4）硫醇化合物有难闻的气味。

随同原油稳定一起，原油脱硫带来了所谓的双重操作，使得下游处理更加容易和安全，并改善和提升了原油的可销售性。在生产设施中，国外油田矿场有表 3–6 所示的 3 个通用方案用以原油脱硫。

表 3-6　原油脱硫通用方案

工艺	气提剂及作用机制
气提气多级气化	气体，基于质量特性
气提气塔板稳定	气体，基于质量特性
重沸式塔板稳定	加热，基于能量特性

1. 多级气化工艺

气提气多级气化，顾名思义，就是利用气提剂进行多级分离。作为主要酸性组分的硫化氢，其蒸气压大于丙烷而小于乙烷，所以在正常多级分离中，会将乙烷和丙烷与硫化氢一起从原油储罐中释放出来，在每一级分离之间，将作为气提气的贫气（干气）与原油混合，可以提高系统的气提效率。如图 3–21 所示为用于原油稳定—脱硫的典型气提气多级气化工艺，该工艺的有效性取决于作为驱动力的一级分离器的可用压力、原油组成性质和低硫原油的最终技术指标。

2. 气提气塔板稳定工艺

在气提气塔板稳定工艺中，核心是一个非回流型板式稳定塔，采用净化干气作为气提剂，如图 3–22 所示，离开一级分离器的原油被喂入塔顶塔板，气提气逆向流进入。塔底在低压气提塔中闪蒸。低硫原油被送往储罐，而从气体分离器顶部和储罐收集的蒸气通常

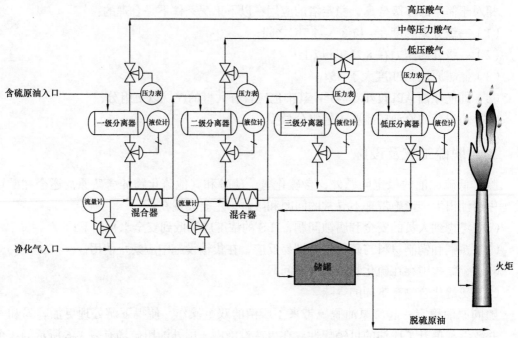

图 3-21　典型的气提气多级气化原油稳定—脱硫一体化工艺

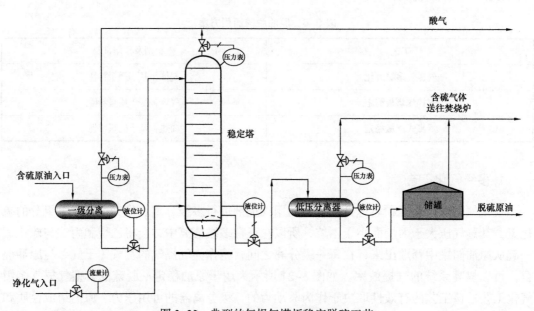

图 3-22　典型的气提气塔板稳定脱硫工艺

被火炬焚烧。出于安全考虑，这些蒸气不能排放到大气中，因为硫化氢是危险的，比空气稍重，可以聚集在集水坑或地势低洼的地区。

　　该工艺较气提气多级气化工艺更有效，然而，塔板效率对塔高的设计带来了限制。如对于单个实际塔板具有平均 8% 的效率，则 1 套理论塔板需要 12 个实际的塔板，相当于塔的高度限制在了 7.3～8.5m；而如果单个实际塔板的效率较 8% 低，则也就最多两套理论塔板，因为塔板间距也就大约 0.6m。

3. 重沸式塔板稳定工艺

重沸式塔板稳定工艺是含硫原油脱硫最有效的手段，如图 3-23 所示为典型的重沸式塔板稳定塔，其操作类似于气提气稳定塔，只是有一个重沸塔产生气提蒸气向塔上方流动，而不是使用气提气。这些蒸气更有效，因为它们由于高温而具有能量和动量。由于硫化氢的蒸气压比丙烷高，所以从原油中提取硫化氢相对容易。相反，板式稳定塔给蒸气、液体的接触提供充分的环境，很少有戊烷以上组分在塔顶损失。

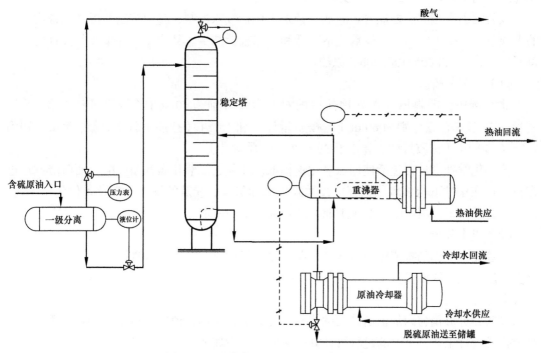

图 3-23　重沸式塔板稳定工艺脱硫示意图

三、其他处理方法

经历上述传统处理工序后，相关于原油的稳定与脱硫，国外油田集输中还重视其他途径的处理，如尽可能地提高原油品质，以争取市场附加值、提高销售附加值。

1. 经济化处理

对于一个油田，生产一定量原油的总成本由两部分构成，一部分是在原油开采前阶段投入的折耗成本，另一部分是在原油开采后阶段的运行费用加上实物资产（设备）的折旧费，其中，第一部分折耗成本是在提高原油品质、争取市场附加值中更应关注的。

市场附加值被定义为一个企业或一项资产当前市场价值与原始资本投资之间的差额。

如果市场附加值为正，则企业具有附加值；如果市场附加值为负，企业就失去了附加值。在数学上：

$$MVA = C - C_0 \qquad (3\text{--}23)$$

式中　MVA——增值或收益；

　　　C——资产现值；

　　　C_0——原始资本投资。

一种原油的市场附加值由硫含量、API 度及黏度等多种因素决定。追求原油经济处理的目标就是通过牢记前述标准，使用预定工艺来提高原油品质。这里以美国 Merichem 公司提高原油市场附加值的经济化处理报道为案例。

该公司引入硫醇法处理含硫原油，带来了包括气味控制、腐蚀控制和毒性大幅度减小的多项益处，获得的回报是运输成本降低和气味投诉减少。其建立处理单元的设计能力为每开工日处理 65000～190000bbl 原油。

（1）工艺分析。

此案例中，喂料原油在处理前后的 CO_2 含量分别为 40mg/L（按质量计）和 0（按质量计），H_2S 含量分别为 60mg/L（按质量计）和 1mg/L（按质量计），硫醇含量分别为 150～650mg/L（按质量计）和小于 30mg/L（按质量计）。

这一化学处理过程包括使用氢氧化钠提取硫化氢、二氧化碳和萘酚酸，而硫醇则通过在空气存在条件下与氢氧化钠直接接触来提取和氧化，涉及的操作参数及条件包括温度、压力、化学品、公用设施及专用土地空间要求和维护要求。

（2）成本分析。

尽管在本案例的报道中没有详细说明对原油进行进一步脱酸处理而产生市场附加值的计算方法，但其初始投资不涉及重大设备投入，运行成本主要包括氢氧化钠、氧化空气控制及电力等。

其实，计算销售附加值所涉及的步骤要比计算市场附加值简单得多，一旦采用了原油品质提升处理工艺，下面的过程可计算原油的销售附加值。

假设处理前原油的当前售价单位体积下是 S_1，处理后原油的售价单位体积下是 S_2，原油产量按照每年是 P 体积，则年销售收益 S_G 为

$$S_G = (S_2 - S_1) P \qquad (3\text{--}24)$$

假设处理单元中所用设备的资本成本是 C_1，设备的寿命是 n 年，则装置的年折旧费为

$$C_0 = \frac{C_1}{n} \qquad (3\text{--}25)$$

假设装置每年的运行费用为 C_2，则处理单元的年运行总费用 C_T 为

$$C_T = C_0 + C_2 \qquad (3\text{--}26)$$

如果 $S_G > C_T$，那么就代表企业利用该处理工艺增加了销售值，否则，此工艺就不能

视作为一个经济处理的路径。原油的销售附加值 SVA 为

$$SVA = S_G + C_T \qquad (3\text{-}27)$$

2. 清洁化处理

（1）硫化氢脱除。

可以在乳状液分离设施与生产储罐之间增加化学处理过程，如将氢氧化铵水溶液用于将硫化氢转化为水溶性硫化铵盐，在生产储罐中分离出来的这种携带硫化氢的水溶液就是硫化铵。该处理首要考虑的是将油相中的硫化氢含量从 900mg/L 降低到 50mg/L 或更低。

（2）重质油清洗处理。

为了降低杂质含量，改善重质原油的品质，国外油田提出通过向重质原油中添加一些选择性溶剂，之后，溶剂再被回收再利用，从而降低原油中的硫含量，改善原油的黏度，避免高硫原油运输环节产生的高额费用。

（3）重质油稀释处理。

重质油中的沥青质分子聚集形成胶束状团簇，这些团簇之间的相互作用提高了原油的黏度，通过添加聚合物或降黏剂打破这些团簇来降低黏度。稀释剂也可以是天然气凝析油或液化天然气，从而作为一种输送高黏度原油的方式。

第四章
天然气矿场集输基础理论与工艺

天然气作为一种有潜力的化石能源，其成为商品天然气还需要经历采出后的集输和矿场加工处理。尽管天然气矿场集输的复杂程度并不及原油，但在达到用户使用要求之前，需要对天然气进行矿场加工、提纯，这主要是因为，即使井口天然气的主要成分为甲烷，但其并不是纯净的天然气。本章结合国外天然气的生产状况，介绍天然气的来源、用途、组成性质及其矿场集输的基础理论。

第一节　天然气性质及相关要求

一、天然气的生产特征及状况

原料天然气是一种天然的碳氢化合物，无色，主要成分为结构最简单的碳氢化合物——甲烷。天然气主要产自于油井、气井和凝析井，其中，油井生产的天然气通常称作为伴生气，其与原油共生，存在形式有已在地层中从原油中分离出的游离气（也就是气顶气）和原油中的溶解气。油藏一般都含有溶解气，但可能含有、也可能不含有气顶气，油井生产的天然气可统称为油井气；气井生产的天然气中只存在少量原油，或没有原油，因此常被称作为非伴生气，气井是原料天然气（干气）生产的主要来源；凝析气井生产含有少量凝液的游离天然气（湿气）。天然气从井口采出到用户终端的过程中需要一系列的管道，包括采气管线、集气管线、输气管线、配气管线和燃气管线等，这些管道在不同压力下输送天然气。

不管天然气是何种来源，在其从原油中分离出来后，得到的通常是甲烷和其他以乙烷、丙烷、丁烷和戊烷为主的烃类混合物。除此之外，原料天然气中还含有水蒸气、硫化氢（H_2S）、二氧化碳（CO_2）、氦气、氮气等其他非烃类化合物，天然气的这种生产特征及特性概括如图 4-1 所示。

气藏中非伴生气在超临界压力和温度条件下生产，随着开采，储气层压力下降，分子质量较高的组分（如 C_{3+}）在等温条件下部分析出为液体，出现所谓的反凝析现象。由于气藏孔隙连通性不足，这些凝析液往往会形成并束缚于气藏孔隙中。而在地面生产条件下，频现的这种凝析液被称作为天然气凝液。天然气凝液一旦从气流中分离出后，即可通过分馏的方式进一步分离而得到不同的组分，从凝析油（丁烷、戊烷和己烷）、液化石油气（丙烷、丁烷）到乙烷。在美国，这些轻烃化合物的用途十分广泛，在天然气加工处理中产生的乙烷是制造烯烃的主要原料，而液化石油气则可作为燃料和其他一些商业用途。

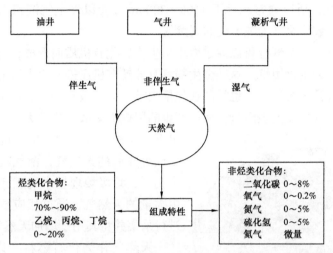

图 4-1 天然气的基本特性描述

世界上最大的天然气田是位于亚洲西部波斯湾、伊朗和卡塔尔之间的北方—南帕斯凝析气田，据估计其储量为 $51 \times 10^{12} \mathrm{m}^3$ 的天然气和 $500 \times 10^8 \mathrm{bbl}$ 的天然气凝析液，美国能源信息署数据显示了世界前五大天然气生产国的产量趋势，如图 4-2 所示。

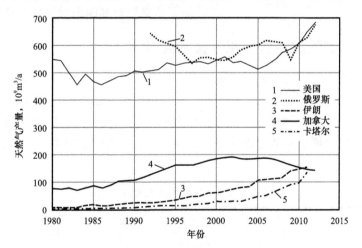

图 4-2 世界前五大天然气生产国的产量趋势

二、天然气的来源和用途

天然气与原油一样都是化石燃料，是由浮游生物、植物、动物和其他生物等有机质经过上亿年的时间演变形成的。随着时间的推移，砂砾、沉积物和岩石不断掩埋这些有机质并对其施加巨大的压力，有机质在地下高压条件下被长时间持续压缩，再进一步通过微生物分解，形成可以产热的甲烷。在地壳以下，温度随着埋深的增加而逐渐升高，此时，长时间的持续压缩和地层深处的高温会破坏有机物中的碳键。另一方面，在温度较低的浅沉积层，相对于天然气，形成的原油则更多。然而与原油形成条件恰恰相反的是，在高温下更容易形成天然气，所以通常在地下 1600~3200m 处会以伴生气沉积为主，而在地层更深处，主要形成多数情况下为纯甲烷的天然气。

值得一提的是，天然气也可以通过微小微生物转化有机质而形成，由产甲烷菌等微生物产生的甲烷被称为生物甲烷。这类微生物具有分解有机质来产生甲烷的化学能力，常见于近地表附近氧气稀薄的地区，也活跃在包括人类的大多数动物的肠道中，以这种方式产生甲烷由于通常是发生在地表附近，所以产生的甲烷大多散失到了大气中。当然在某些情况下，这种方式产生的甲烷可以封存到地下而变成可收回的天然气，沼气就是生物甲烷的一个例子；垃圾填埋场中的废弃物分解后，会产生大量的天然气，通过相应技术可对这种气体进行采集并将其用于增加天然气的供应。

天然气作为化石燃料有许多不同的用途，且在不同行业中的使用量也各不相同，因此很难提供一份罗列其所有用途的详尽清单，但其主要用途总体可划分为民用、商用、工业、运输及天然气发电等领域，如图4-3所示为美国能源信息署对其国内对天然气使用情况的统计。

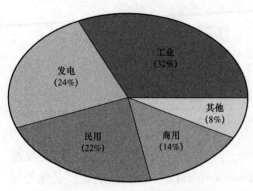

图4-3 美国天然气使用情况统计

三、天然气的组成性质和相关技术要求

天然气是世界能源供应的重要组成部分，也是一种最清洁、最安全和最具广泛用途的能源。天然气作为一种可燃的烃类混合物，主要由甲烷和乙烷等在标准大气压下为气态的饱和烃组成，也可能含有丙烷、丁烷、戊烷和己烷等其他烃类。由于天然气藏压力较高，即使较重的碳氢化合物也大部分以气态形式存在。天然气的组成性质多变，国外典型气井产天然气的组成见表4-1。

表4-1 典型天然气的组成

组分	化学式	含量，%
甲烷	CH_4	70~90
乙烷	C_2H_6	0~20
丙烷	C_3H_8	0~20
丁烷	C_4H_{10}	0~20
二氧化碳	CO_2	0~8
氧气	O_2	0~0.2

组分	化学式	含量，%
氮气	N_2	0~5
硫化氢	H_2S	0~5
稀有气体	Ar, He, Ne, Xe	微量

供使用的纯净天然气几乎是纯甲烷，人们经常将天然气与独特的臭鸡蛋气味联系在一起，其实这种味道是源自一种叫作硫醇的气味剂，它会在天然气送至用户使用之前加入气体中，可以检测天然气输送过程中是否存在泄漏，进而保证输送安全。基本上是纯甲烷的天然气常被称为干气，此时天然气中除甲烷外其他伴生的烃类化合物均被去除，而当其他烃类化合物存在时，天然气则被称为湿气。

天然气是一种比空气轻40%的可燃气体，因此一旦发生泄漏，它就会消散在空气中。天然气具有点火温度高和可燃范围窄的特点，其点火温度应在590℃以上，且在空气中浓度达到4%～15%时即发生燃烧。天然气无味、无毒、无腐蚀性，具有热效率高、易爆炸、用途广泛的特性，特别是其较为简单的分子结构决定了可以实现不产生固体颗粒或硫化物的清洁燃烧。

关于天然气的技术规格，表4-2、表4-3分别列出了国外油气田来自油井（湿气）、气井（干气）和凝析气井三种原料天然气的主要组成及管道输送天然气的质量标准规范。

表4-2　不同来源原料天然气的主要组成

类别	油井气（湿气），%（摩尔分数）	气井气（干气），%（摩尔分数）	凝析气井气，%（摩尔分数）
二氧化碳	0.63	—	—
氮气	3.73	1.25	0.53
硫化氢	0.57	—	—
甲烷	68.48	91.01	94.87
乙烷	11.98	4.88	2.89
丙烷	8.75	1.69	0.92
异丁烷	0.93	0.14	0.31
正丁烷	2.91	0.52	0.22
异戊烷	0.54	0.09	0.09
正戊烷	0.80	0.18	0.06
己烷	0.37	0.13	0.05
庚烷及其他重质烃类	0.31	0.11	0.06

表 4-3　国外代表性天然气管道质量标准

项目		最小值	最大值
主要和次要组分，%（摩尔分数）	甲烷	75	—
	乙烷	—	10
	丙烷	—	5
	丁烷	—	2
	戊烷及以上烷烃	—	0.5
	氮气与其他惰性气体	—	3~4
	二氧化碳	—	3~4
微量组分	硫化氢	—	5.7~22.8mg/m^3
	硫醇硫	—	5.7~22.8mg/m^3
	总硫	—	114.0~456.0 mg/m^3
	水蒸气	—	111.9mg/m^3
	氧气	—	0.2~1.0mL/m^3
总饱和热值，MJ/m^3		35.302	42.735

注：在输送温度和压力下不含有液态水和烃类化合物；不含有对输送、使用设备有害的固体颗粒。

第二节　天然气矿场集输基础

国外海上油气田，为简化矿场处理设施的集输管道规格各异，在长度上有的几百米，有的数百千米，并跨越起伏的地形，伴随较大的温度改变。矿场集输天然气的多组分性质及管道沿线温度、压力变化下的相行为决定了天然气集输管道中不可避免地发生液相凝结，凝结物的作用使这种天然气管道输送变成为多相输送。多相输送工艺也对边远油气田的开发具有重要意义，因为其能够借助现有的基础设施更加经济地输送油气介质，并最小化投资和运行成本。正是考虑到这种经济性，包括矿场集输在内的多相流输送在油气工业中非常广泛。因此，为了实现集输管道和下游处理加工厂的优化设计，尽可能准确地预测多相流动行为及管道的一些设计变量便十分必要，本节即介绍天然气矿场集输过程中多相输送的相关概念和基础理论。

一、天然气矿场集输多相流参量

如图 4-4 所示为油、气、水三相的理想流动情况，一般认为水比油重，在管道底部流动，油在中间流动，而气相在管道顶层，基于该理想流动特征，描述天然气矿场集输多相流动的相关参量有表观速度、混合速度、持率、相速度、滑脱速度、混合密度、混合黏度、混合压降及混合焓等。

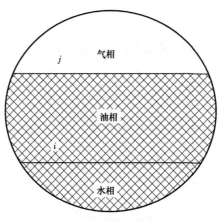

图 4-4 三相流动管道横截面

1. 表观速度

表观速度是指多相流中某一相的速度。假设油、气、水中某相单独占据管道的整个截面，则相应该相的表观速度则可表示为

$$v_{SW} = \frac{Q_W}{A} \qquad (4-1)$$

$$v_{SO} = \frac{Q_O}{A} \qquad (4-2)$$

$$v_{SG} = \frac{Q_G}{A} \qquad (4-3)$$

其中

$$A = A_W + A_O + A_G \qquad (4-4)$$

式中　A——管道的总横截面积；

　　　Q——体积流量；

　　　v——流速；

　　　下标 W——水相；

　　　下标 O——油相；

　　　下标 G——气相；

　　　下标 S——表观参量。

2. 混合速度

油气水介质的混合速度为其表观速度之和：

$$v_M = v_{SW} + v_{SO} + v_{SG} \qquad (4-5)$$

式中　v_M——多相混合速度。

3. 持率

持率是相对于某局部位置的管道横截面积，在多相流中则为某一相所局部占据的横截面积。

对于液相：

$$H_L = \frac{A_L}{A} = \frac{A_W + A_O}{A} = H_w + H_O \tag{4-6}$$

对于气相：

$$H_G = \frac{A_G}{A} \tag{4-7}$$

式中 H——持率；

下标 L 和下标 G——液相和气相。

尽管持率可以定义为给定相所占管道横截面的体积分数，但其通常仅被用于描述液相体积分数，也就是常说的持液率，气相体积分数则多用含气率或空隙率来描述。

4. 相速度

相速度是指基于多相流中某一相所占的管道横截面积而对该相速度进行表达：

$$v_L = \frac{v_{SL}}{H_L} = \frac{v_{SW} + v_{SO}}{H_L} \tag{4-8}$$

$$v_G = \frac{v_{SG}}{H_G} \tag{4-9}$$

5. 滑脱

滑脱是用来描述当多相流动中不同的相具有不同相速度时的流动情况。在大多数的两相流管道中，气相的流动速度比液相快，这种情况下就是所谓的相间滑脱现象。

滑脱速度为实际气相和液相速度之间的差值，即

$$v_S = v_G - v_L \tag{4-10}$$

相间不存在滑脱现象时，$v_G = v_L$，若假设求持液率时无滑脱现象，则有

$$H_{L,\text{no-slip}} = \lambda_L = \frac{v_{SL}}{v_L} \tag{4-11}$$

式中 $H_{L,\text{no-slip}}$——无滑脱液相持率。

事实上，无滑脱的假设是并不经常适用的，对于某些水平和上向流倾斜管道中的流型，气相流动比液相快，相当于存在"正滑脱"现象；对于某些下向流管道中的流型，液相的流动速度比气相快，相当于此时管道中存在"负滑脱"现象。

6. 混合密度

一般利用式（4-12）与式（4-13）求取两相流动中的气相和液相密度：

$$\rho_S = \rho_L H_L + \rho_G H_G \qquad （4-12）$$

$$\rho_{nS} = \rho_L \lambda_L + \rho_G \lambda_G \qquad （4-13）$$

式中　下标 S 和下标 nS——存在滑脱情况和无滑脱情况。

假设液相油、水之间没有滑脱，则可以通过油、水的密度和流速来确定液相的总密度：

$$\rho_L = \rho_O f_O + \rho_W f_W \qquad （4-14）$$

其中

$$f_O = \frac{Q_O}{Q_O + Q_W} = 1 - f_W \qquad （4-15）$$

式中　f——各相的体积分数。

7. 混合黏度

混合黏度 μ 的确定有三种方法：

$$\mu_S = \mu_L H_L + \mu_G H_G \qquad （4-16）$$

$$\mu_S = \mu_L^{H_L} \cdot \mu_G^{H_G} \qquad （4-17）$$

$$\mu_{nS} = \mu_L \lambda_L + \mu_G \lambda_G \qquad （4-18）$$

式中　μ_L 和 μ_G——液相和气相的黏度。

液相黏度一般是水、油或油—水混合物的黏度，而通常油—水混合物的黏度可通过式（4-19）确定：

$$\mu_L = \mu_O f_O + \mu_W f_W \qquad （4-19）$$

但事实上，式（4-19）并不适用于确定两种互不相溶的液相黏度（如油和水），对于某些油—水体系，乳状液黏度可能是单相黏度的好几倍，其能超过油相黏度的 30 倍的峰值黏度往往出现在乳状液从油包水型转变为水包油型的转相点附近。国外油田多数原油的转相点一般位于含水率为 20%～50% 时。

与国内一样，国外油田一直以来也在简化油水乳状液黏度关联式方面进行着广泛的研究，但由于影响乳状液黏度的参数众多，这些关联关系在工程计算中都不具备普适性，而确定油水乳状液黏度的最佳方法仍是在高温、高压条件下对不同含水率的乳状液进行实验室测试。

8. 混合压降

多相流（两相和三相）的一般压降方程与单相流动的压降方程相似，只是考虑多相影响下的等效变量对原变量进行代替。多相流的一般压降方程为

$$\left(\frac{\mathrm{d}p}{\mathrm{d}x}\right)_{\text{tot}} = \left(\frac{\mathrm{d}p}{\mathrm{d}x}\right)_{\text{ele}} + \left(\frac{\mathrm{d}p}{\mathrm{d}x}\right)_{\text{fri}} + \left(\frac{\mathrm{d}p}{\mathrm{d}x}\right)_{\text{acc}} \tag{4-20}$$

其中

$$\left(\frac{\mathrm{d}p}{\mathrm{d}x}\right)_{\text{ele}} = \rho_{\text{tp}}\left(\frac{g}{g_{\text{c}}}\right)\sin\theta \tag{4-21}$$

$$\left(\frac{\mathrm{d}p}{\mathrm{d}x}\right)_{\text{fri}} = \frac{\rho_{\text{tp}}f_{\text{tp}}V_{tp}^2}{2g_{\text{c}}D} \tag{4-22}$$

$$\left(\frac{\mathrm{d}p}{\mathrm{d}x}\right)_{\text{acc}} = \frac{\rho_{\text{tp}}f_{\text{tp}}}{g_{\text{c}}}\left(\frac{\mathrm{d}V_{\text{tp}}}{\mathrm{d}x}\right) \tag{4-23}$$

式中 $\dfrac{\mathrm{d}p}{\mathrm{d}x}$——流动压降梯度；

       x——管长；

       ρ——流动密度；

       v——流速；

       f——流动摩擦系数；

       D——管道内径；

       θ——管道倾角；

       g——重力加速度；

       g_{c}——重力常数；

       下标 tot——总计；

       下标 ele——高程因素；

       下标 fri——摩阻因素；

       下标 acc——加速度变化因素；

       下标 tp——两相流、三相流。

一般，加速度引起的压降损失可以忽略不计，其仅在高流速情况下考虑。目前也已发展有多种预测多相流动压降的方法。

9. 混合焓

在计算管道内多相流的温度变化时，需要对多相混合物的焓进行可靠的预测。如果气相和液相的焓以单位质量来表示，则多相混合物的焓 h_{M} 可按式（4-24）计算：

$$h_{\text{M}} = H_{\text{L}}h_{\text{L}} + \left(1 - H_{\text{L}}\right)h_{\text{G}} \tag{4-24}$$

式中 h_{L}——液相焓；

       h_{G}——气相焓。

二、天然气矿场集输多相流流型

天然气矿场集输管道中，存在相间界面，且相关性质具有不连续性的特征。流动结构一般根据相关特征参数被划分为多种流型，且其取决于操作条件、输送介质性质、输送介质流速以及输送介质所流经管道的方向与几何形状等因素。不同流型之间的过渡是一个渐进的过程。由于控制流型转变的力具有高度非线性性质，因此预测流型往往非常困难，一般在实验室中通过运用透明管道直接观测、研究流型。由于传感器的波动与流型结构具有相关性，因此最常用的方法是通过传感器的信号分析来识别实际流型，这种方法一般是基于观测横截面平均压降或横截面持液率来实现操作过程。

1. 两相流型

通过对流型进行划分可以简化对两相流的描述，不同流型的两相流在空间和时间上的分布是不同的，通常不受管道设计者或操作者的控制。分离流、间歇流和分散流是气液两相流的三种基本流型，在分离流流型中，两相是各自连续的，只不过在某一相中可能会存在少量另一相的分散液滴或气泡；在间歇流流型中，至少有一相是不连续的；在分散流流型中，液相是连续的，而气相不连续。由于流型的多样性和人们对流型的不同解释，所以，严格来讲，目前对于流型的理解是不尽完美的，也并没有对流型的完整性统一描述和分类方法。这里主要介绍水平、垂直和倾斜管道中气—液两相流动的基本流型。

（1）水平集输管路流型。

水平集输管路气液两相流型如图 4-5 所示，这些流型可以分别描述为分散泡状流、塞状流（细长泡状流）、分层流（平滑状和波浪状）、段塞流和环状流。

① 分散泡状流。

在高的液相流速和宽范围的气相流速范围内，存在一些小气泡分散在连续液相中，由于浮力的作用，这些气泡倾向于聚集在管道的上部，由此形成分散泡状流流型。

② 塞状流。

在气相流速相对较小时，随着液相流速的降低，分散气泡流中较小的气泡聚结形成较大的弹状体气泡，并沿着管道顶部移动，由此便形成塞状流流型。

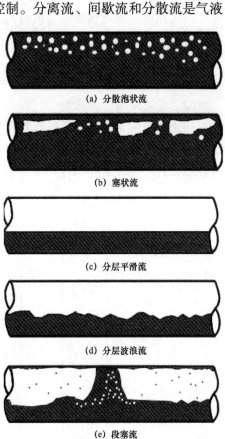

(a) 分散泡状流

(b) 塞状流

(c) 分层平滑流

(d) 分层波浪流

(e) 段塞流

(f) 环状流

图 4-5 水平集输管路气液两相流流型

③分层流。

在气液流速均较低时，重力效应使得两相完全分离，导致液相沿管道底部流动，气相沿管道顶部流动，气—液表面光滑，此时为分层平滑流流型。在分层平滑流中，随着气相速度增加，界面剪切力增加，使液体表面产生波纹，出现波浪状界面，即形成分层波浪流流型。

④段塞流。

随着气相和液相流速的进一步增加，相间分层液位逐渐增长，波浪状越来越明显，直至最终整个管道横截面被一个波浪阻塞，由此产生的液体"活塞"随后被气流推动加速而沿着管道涌动。这个液塞后面则呈现为包含在液相薄膜中运动的细长气泡，于是出现一种细长气泡和液相段塞沿管道交替涌动的间歇流型，也就是段塞流流型。塞状流（细长泡状流）与段塞流的主要区别在于，在塞状流（细长泡状流）中，液塞中不夹带气泡。

⑤环状流。

当气相流速继续增加时，就会出现环状流流型（也有称为环雾流）。在环状流中，液相主要以液膜的形式在管壁面流动，气相则作为流动核心，一些液相以液滴的形式夹带在这个"气核"中。由于重力的作用，管道底部的环形液膜比顶部的厚。在环状流中，除非是非常低的液相流速，否则液膜总是被大波浪所覆盖。

（2）垂直集输管路流型。

向上垂直两相流中常遇到的流型如图 4-6 所示，这些流型由于流动的左右对称性往往比水平流型要简单一些。但事实上垂直集输管路在天然气系统中并不常见，即便是许多立管，也会有一定程度的倾斜。

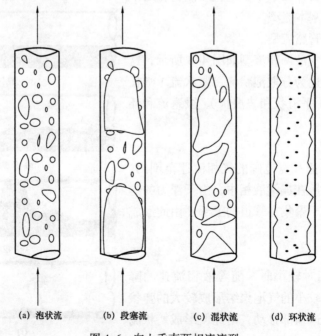

(a) 泡状流　　(b) 段塞流　　(c) 混状流　　(d) 环状流

图 4-6　向上垂直两相流流型

① 泡状流。

在液相和气相速度较低时，液相是连续的，气相以分散气泡形式运动。这种流动状态称为泡状流。随着液相流速的增加，气泡可能通过聚并而增大。根据两相之间是否存在滑脱可将泡状流进一步分为气泡流和分散气泡流。在气泡流中，由于滑脱，相对少而尺寸大的气泡较液相运动得更快；在分散气泡流中，大量的微小气泡夹带在液相中流动，两相之间没有相对运动。

② 段塞流。

随着气相速度的增加，气泡开始聚结，最终形成足够大的气泡，并几乎占据了整个管道的横截面，这种流型即为段塞流。这些大的气泡均匀地向上运动，并被管道内含有小气泡的连续液相形成架桥而隔开。尽管液相的整体流动方向向上，但这些大气泡周围液膜中的液相存在低速向下运动行为，只是气泡向上运动的速度大于这些向下运动的液相速度。

③ 混状流。

当流动中气相含量增加时，较高气体的含量会破坏段塞中大气泡之间液相的连续性，这时管道中由液相连续转变为气相连续，这种液相振荡流动是典型的混状流，也是一种过渡流，此时气泡有聚集合并的情况，液相也可能会夹带在气泡中。一般这种流型不会出现在小管径管道中，并且此种流型观察不到气塞周围液膜的脱落。

④ 环状流。

随着气相速度的进一步增加，在管路中央，气相变成连续相。液相以薄膜形式附着在管壁上并向上移动，另外有小部分液相以分散液滴的形式在中央气相中，这种流型就是环状流，或者环雾流。

尽管垂直下向两相流较上向流的情形少，但像海上采油平台的注汽井和降液管中会存在有这种情况。因此，需要一种适用于所有流动状况的通用垂直两相流型，但目前尚缺少可靠的下向流多相流模型。

（3）倾斜集输管路流型。

管道倾斜时对气—液两相流型转变有很大的影响，这种影响是山丘地域管道的一个重要特征，因为山丘地域管道几乎全部由上、下坡段组成。管路倾角对流型转变有较强的影响，一般情况下，近水平管路中的流型在向下倾斜时保持气液两相分离，在向上倾斜时则变为间歇流型。

（4）流型图。

由于流动过程中不同流型间水动力学特征和流动机理存在显著变化，因此为了获得最佳的设计参数和操作条件，有必要清楚地了解多相流型及其流型之间的边界。若在设计中没有预期到所有可能出现的流型情况，那么某些边界流型可能会导致系统压力波动，更严重者甚至可能造成管道部件的机械故障。

人们早期大多数对管道中各种流型的预测都是基于低压下空气和水的气—液两相小口径管流实验测试，实验结果以流型图的形式呈现。相应的流型分别对应流型图上的不同区域，其坐标为维度变量，如表面相速度，或包含这些速度的无量纲参数。对于水平流动，经典的流型图如图 4-7 所示，其是基于大气压力下管径 1~16cm 管道中空气—水两相流动的数据绘制获得。

如图 4-8 所示为典型的垂直向上管路流动流型图。

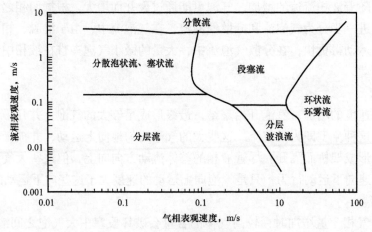

图 4-7 水平管路流型图

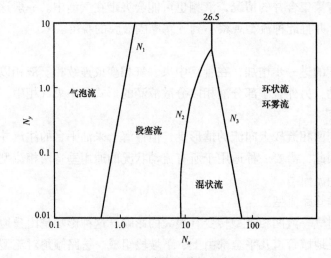

图 4-8 垂直向上管路流型图

图 4-8 中坐标 N_x、N_y 的定义为

$$N_x = v_{SG} \left(\frac{\rho_G}{0.0764} \right)^{\frac{1}{3}} \left[\left(\frac{72}{\sigma_L} \right) \left(\frac{\rho_L}{62.4} \right) \right]^{\frac{1}{4}} \qquad (4-25)$$

$$N_y = v_{SL} \left[\left(\frac{72}{\sigma_L} \right) \left(\frac{\rho_L}{62.4} \right) \right]^{\frac{1}{4}} \qquad (4-26)$$

式中 v_{SG}，v_{SL}——气相与液相表面速度，ft/s；

ρ_L，ρ_G——液相与气相密度，lb/ft^3；

σ_L——液相表面张力，dyn/cm。

式（4-25）与式（4-26）中括号项是为了使除空气和水以外的气液两相流体的流型也适用。

式（4-27）至式（4-29）描述了图4-8中流型的转变过程：

$$N_1 = 0.51(100N_y)^{0.172} \tag{4-27}$$

$$N_2 = 8.6 + 3.8N_y \tag{4-28}$$

$$N_3 = 70(100N_y)^{-0.152} \tag{4-29}$$

无滑脱现象时，液相表面张力 $\sigma_L = \sigma_o f_o + \sigma_w f_w$。

对于流体性质、管道尺寸和倾角不同于最初形成流型图的系统来说，基于经验绘制的流型图并不精确。此外，在这些流型图中，流速的变化也会导致流型的变化，且在不同的稳定状态之间还存在其他短暂的流型变化。克服这一困难的方法是对任一流型转换时都进行识别，并为这一特定的转换制定相关规范。一些学者解释了流型转变的基本机制并提供了一些流型图预估这种转变的发生，在这些过渡模型中，纳入了系统参数的影响，以获得更广的应用范围。然而大多数过渡模型较为复杂，需要使用预先确定的序列来确定其主要的流型。

2. 三相流型

气—液两相流和气—液—液三相流（气—油—水）之间的主要区别在于液相的行为，在三相体系中，两种液相的存在会产生更加丰富多样的流型。基本上液相以分离或分散的形式出现。在分离流中，尽管一种液相可能会夹带到另一种液相，也可以辨别出油水界面的分层；在分散流中，一种液相以液滴形式完全分散在另一种液相中时，可能产生两种情况，即以油为连续相或以水为连续相。从以一种液相为连续相到以另一种液相为连续相的转变称为转相。如果液相是相互分散的，那么转相点的预测便十分重要。

由于三相流体混合物可能具有较复杂的流动性质，因此三相流型边界的定量相对比较困难。可以描述出7种与两相流相似的流型：平滑分层流、波浪分层流、起伏波浪流、塞状流、段塞流、拟段塞流和环状流，这其中，前3种流型可以归类为分层流型，这种情况下油和水是分离的，水在管底以液层的形式流动，油在管顶流动。即使是塞状流，水仍然留在底部，因为液相搅拌程度不足以充分混合油相和水相。值得注意的是，管道中存在的湍流可以使水相和油相充分混合。然而，充分混合所需的最小自然湍流能量取决于油和水的流速、管径和倾角、水的含量、黏度、密度及界面张力。

3. 凝析气流型

凝析气流是常见的多相流动现象，但凝析气管道中的多相流在某些方面与一般管道中的多相流有着不同。在凝析气流动体系中，由于温度和压力的变化，总是存在着从气相到液相的相间传质，这也就导致成分和相关流体性质的变化。此外，此类体系中液相含量较少，气相流速具有很高的雷诺数，对于一条接近水平的管道，流型可以预测为环雾流或分层流。对于其他情况，例如倾斜管道，即使是少量液相也有可能导致液相在管道下部积聚，从而形成段塞流。

在水—凝析气体系中，通常可以假设凝结物和水相混合良好，当水相占液相比例较大时，在低流速下水和凝结物也会分离出来，导致管道低位点积水，这种正常集输运行或流速变化过程中出现的积水现象，将形成液相段塞流流型。

三、天然气矿场集输多相流管道分级的速度准则

选择满足输量和压降条件的管道尺寸后，检查管道内是否存在可接受的流动条件非常重要。不过评估流动条件是否合理的一个更有效的方法是检查流体速度是否在合理范围内。

国外油气田矿场设计中，在正常流量范围内，实际（非表面）液相速度理想情况下认为应该大于 0.9m/s，这可以确保可能的出砂和水随液相连续输送而不会在管道底部沉积和积聚。然而，在最大输量条件下，必须计算多相管道中的最大混合速度，以保证其值不超过侵蚀速度极限。目前国外油气田确定侵蚀速度极限的行业标准方法基于以下关系：

$$v_e = \frac{0.82C}{\rho_M^{0.5}}$$ （4-30）

式中　v_e——避免过度侵蚀的最大可接受混合速度，m/s；

　　　C——经验常数；

　　　ρ_M——流动条件下的无滑脱混合密度，kg/m^3。

迄今为止的行业经验表明，对于无固相流体，连续服役管道的经验常数 C 取 100，间歇性服役管道的经验常数保守值为 125。这一准则适用于无腐蚀性和无砂的清洁生产工况，如果存在砂子或腐蚀性条件，则应降低限值。不过，这种降低并没有可靠的依据和指导方针。

如果超过了侵蚀速度极限，则必须增大管径或限制产出剖面以降低最大混合速度，或使用更高级的管道材料。除了侵蚀速度限制外，国外油气田矿场还推荐了管道流速不应超过 18m/s，以确保流动发出的噪声水平在合理的范围内。此外，在某些集输管道体系中，需要限制流速以避免损伤缓蚀膜，从而确保能够改变侵蚀速度极限的润滑效果。

第三节　天然气矿场集输工艺

按照生产来源的不同可将天然气划分为气田气和油田气，天然气集输则是油田气，特别是气田气生产、矿场加工的一个必要阶段。天然气矿场集输作为整个天然气生产、矿场加工系统的源头，其由井口到天然气处理厂站之间的内部集气管网、集气站等单元组成。以气田来讲，大多数气井在高压下生产，为控制天然气的流动，需要安设节流阀，当气体流经节流阀时，气体产生膨胀并且温度降低，而温度降低则可能导致水合物的形成，进而引起集气管道和处理设备潜在的堵塞，所以单井生产天然气在节流到分离器压力之前，通常需使用加热装置进行伴热。当然，对于有些深层气藏，采出天然气的温度在节流之后也可能会非常高，此时则需要对气体进行冷却。在国外天然气矿场集输中，根据气田规模大小、井位布局、地形地貌及天然气性质等因素，形成有不同的集输模式。

一、集气工艺

1. 气液分输集气工艺

气液分输集气工艺是陆上气田的传统工艺，其流程为气井采出天然气在井场或集气站进行分离后，由集气支线或集气干线输送至天然气处理厂，或直接进入外输管线，其典型井场工艺路程如图4-9所示。气液分输集气工艺系统需要对气、液分别计量，且由于设置站场数量多，使用大量的分离器，该工艺会使井场或集气站的流程变得较为复杂，同时增加分离后液体运输处理的经济成本，给日常运行管理带来更多要求。

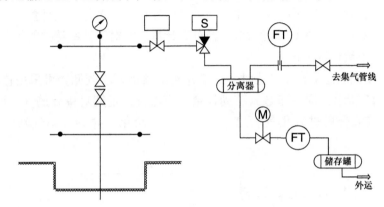

图 4-9　气液分输集气工艺典型流程

2. 气液混输集气工艺

随着海洋、沙漠地区天然气资源的开发利用，气液混输集气工艺得到广泛应用。该工艺是指井场的天然气采出后不分离，气液两相直接进入集气支线或集气干线，再外输至天然气处理厂，应用文丘里流量计的井场工艺流程图如图4-10所示。该工艺的集气系统和井场流程相对简化，站场数量较气液分离集气工艺少，井场主要工艺设施为井口或井下的节流阀及相关截断阀，不需要分离设备，而且对阀门和自控仪表的需求量相对较少，减少了液体运输处理的设施，这也使得其操作管理较为简便，经济性相对优越。

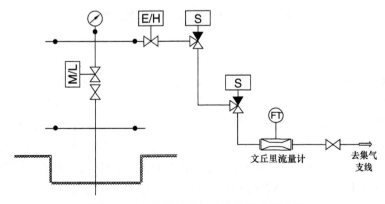

图 4-10　气液混输集气工艺井场典型流程

二、计量工艺

1. 单井集气和多井集气

为了便于管理各生产井的动态，一般需要计量每口井的产气量和产液量，对于气井的计量，国外主要有单井集气计量和多井集气计量两种工艺流程。当气田中部分气井采出的气体含硫化氢等有害组分时，或者气井压力过高、过低及气田内的各井间距较大等特殊情况时，不适宜将多口井集中在一处进行处理，而是对每口井进行单独计量，即单井集气连续计量工艺。当气田中各井的气体来自同一气层，井口流体组分及相关井口参数相近，而且井间距较近时，则适宜将多口井集中在一处进行处理，即多井集气计量工艺。在多井集气计量工艺中，对各气井的计量通常为轮换分离计量。而对于某些特殊的气井，根据要求则也可采用单井连续计量工艺。

当气田采用气液混输集气工艺时，对单井测试频率要求较低，可采用移动分离计量工艺，如图 4-11 所示，配置车载式移动计量分离器橇，定期对单井的气、液分别计量，计量后的气、液混合后进入集气管道。该计量工艺简化了井场或集气站流程，节省了投资。

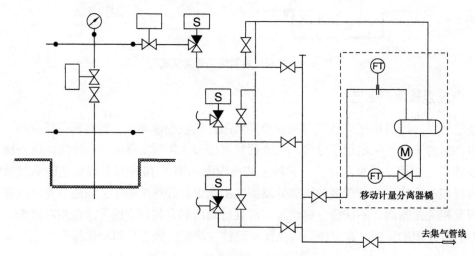

图 4-11　典型移动分离计量工艺流程

2. 计量方式

随着气液混输集气工艺的采用，为了简化流程，在井场或集气站不设置分离器就能对气体、液体分别计量，如国外采用文丘里管湿气流量计对气井的产气量、产液量分别进行计量，依据气液混合物通过文丘里管的压力损失来同时测定气体、液体流量，各种不同型号文丘里管湿气流量计适应不同液体体积分数的气体。在气田开采过程中，当井口流体组分的液体体积分数增加或产量衰减至文丘里管流量计的计量范围之外时，视情况更换文丘里管流量计型号。除此之外，还有分离计量和混合计量等多种计量方式。

三、天然气矿场集输水合物防治

正如前面提到的,温度过低会诱发天然气水合物形成,这对集气管道的运行是有害的,因此,为了防止天然气水合物生成就需要破坏其生成条件,创设与水合物形成相反的条件,通常采用的方法是:

(1)提高流动天然气的温度,通过提高温度,使输送流体温度高于水合物临界生成温度来抑制水合物的生成;

(2)控制天然气输送压力,通常采用井下节流工艺,即在气井井筒内一定深度设置节流阀装置,通过节流降压降温后,再利用地层温度对低温天然气进行加热使井口天然气仍能保持一定温度;

(3)脱除水分;

(4)添加水合物抑制剂,向含水天然气中添加醇类等能抑制水合物生成的物质。

对于低产气田,由于在单井管线始端实施脱水时,其经济效益较低,所以通常将天然气汇集后,在处理站才考虑通过脱水处理来控制天然气的水露点。

第五章
天然气处理工艺与设施

油井和气井采出的天然气性质各不相同，非伴生气往往在高压下生产，在其进入管道输送前一般需要较为简单的处理过程，但对于伴生气来说，则需要经过系统的处理和加工。本章介绍国外天然气原料气的处理模式，重点从天然气中酸性气体（CO_2，H_2S）的脱除和原料气脱水两大方面介绍其常见处理工艺与设施及设计案例。

第一节　天然气矿场处理模式

天然气的矿场处理与加工是天然气开采工程的一部分，涵盖酸气处理、脱水及天然气凝液的回收与分馏，酸气处理和脱水可以看作是天然气矿场处理的第一个阶段，天然气凝液的回收与分馏则可以看作是天然气矿场处理的第二个阶段（将在第六章重点介绍）。天然气脱酸通常总是在脱水和天然气厂其他加工工艺之前进行，天然气脱水通常要求在管道销售之前进行，也是从天然气中分离回收天然气凝液的必要步骤。

表 5-1 概括了天然气中的杂质及其对天然气工业，乃至终端用户的影响。

表 5-1　天然气中杂质的危害

水蒸气	H_2S 和 CO_2	液态烃
属于一种常见的杂质，不具备特殊性质	两种气体都是有害的，特别是 H_2S，其燃烧时会产生有毒性的 SO_2 和 SO_3，对用户使用产生影响	不可以存在于作为燃料的天然气中
H_2S 气体存在时，液态水会加速它产生的腐蚀	这两种气体在水中都具有腐蚀性	液态烃会影响气体燃料燃烧器设计
与烃类形成固体水合物，堵塞阀门、管道装置等	CO_2 会降低天然气的热值	产生气液两相流，影响天然气管道的输送

基于此，天然气矿场处理一般有着两个主要的目标，一个是对天然气中杂质进行必要的去除，包括所有的 H_2S 和大部分水蒸气、CO_2 和 N_2；再一个是增加天然气凝液的回收率，以满足销售标准。而天然气原料气的矿场处理，以及对其中各组分的脱除过程通常是非常复杂而昂贵的工序。在这些处理操作中，经常需要对天然气压缩，这主要体现在：原料天然气在进行油气分离后，需要首先通过胺单元（乙醇胺，MEA）脱除其中的酸性气

体，然后通过脱水单元（三甘醇，TEG）脱除其中的水分，再经气体压缩机压缩后，进入销售单元。

油田伴生气在矿场处理阶段的基本操作可概括如图 5-1 所示。

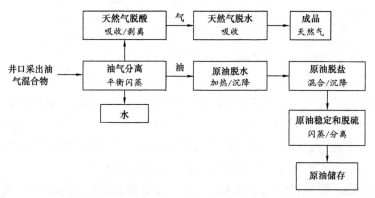

图 5-1 油田伴生气矿场处理操作总体流程

其中，如前所述，原料天然气中通常含有的硫化氢（H_2S）、二氧化碳（CO_2）、水蒸气（H_2O）和硫醇等重质烃类化合物被统称为酸气。含有 H_2S 或其他硫化合物（如羰基硫、二硫化碳和硫醇）的天然气称为"酸性天然气"，只含有 CO_2 的天然气则称为"甜气"，脱酸工艺通常需要同时去除 H_2S 和 CO_2 来防止腐蚀的发生并增加天然气的热值。同样是鉴于以下 3 个方面，天然气脱酸也是国外油田伴生气矿场处理操作中最重要的一个步骤。

（1）对人体健康的危害。H_2S 浓度为 0.13mg/L 时，通常就可以通过气味感知它的存在；在达到 4.6mg/L 时，气味会十分明显；超过 300mg/L 时，嗅觉神经完全麻痹，无法通过气味辨别它的存在；而在达到 500mg/L 时，会出现呼吸困难并可能在几分钟内死亡；达到 1000mg/L 时，则会迅速死亡。

（2）销售合约的要求。如表 5-2 所示，3 个最重要的天然气管道规范都对硫含量提出了要求，尽管国外石油公司的最终合约需要谈判协商，但是他们对 H_2S 的含量要求非常严格。

表 5-2 天然气管道规范

特性	规格
含水量	最大值为 63.9～111.9mg/m³
硫化氢含量	最大值为 5.7mg/m³
天然气总热值	最小值为 35.302MJ/m³
烃露点	在 5.5MPa 下最大值为 -9.5℃
硫醇含量	最大值为 4.6mg/m³
总硫含量	最大值为 22.8～114.0mg/m³
二氧化碳含量	最大值为 1%～3%（摩尔分数）

特性	规格
氧含量	最大值为 0~0.4%（摩尔分数）
砂子、灰尘、胶质、游离态液体	商业约定
输送温度	最大值为 49.0℃
输送压力	最小值为 4.8MPa

（3）腐蚀问题的存在。如果 CO_2 的气体分压超过 103.42kPa，通常只使用抑制剂来防止腐蚀的发生。而 CO_2 的气体分压取决于天然气中 CO_2 的摩尔分数和天然气的压力，且腐蚀速率也取决于温度，CO_2 气体分压超过 103.42kPa 时应使用特种冶金方法，此时由于 H_2S 的存在，金属硫化物周围会形成应力，进而导致金属脆化。

同样如前所述，原料天然气中的水蒸气会冷凝并形成天然气水合物，天然气水合物能聚集并堵塞管道和设备，中断操作并停止天然气的生产加工，甚至当在水合物段塞上出现明显的压差时，可能会造成不安全的情况。此外，水蒸气可能在管道中凝结，导致腐蚀，当在管道中积聚时，可能形成液塞而降低管道的输量。为了避免这些潜在的问题，就需要对天然气脱水干燥以降低其水露点。分别以美国和加拿大为例，其天然气管道规范通常要求含水量不超过 112.1mg/m³ 和 64.1mg/m³。这些规范为防止冬季水蒸气凝结和水合物形成提供了防护标准。对于低温天然气凝液加工，脱水程度要求更高，含水量降到百万分之几，露点降到 -100℃及以下。

原料天然气脱水有吸收法、吸附法及湿气直接冷却法。当管道气要求低水露点天然气时，使用溶剂（如三甘醇）吸收和使用固体吸附剂是最为常见的方法。在气候温和地区，天然气管道输送工艺中通常采用膨胀或制冷直接冷却，并注入水合物抑制剂的方法来使天然气露点在一定程度上降低。其他一些深度脱水技术，如膜分离工艺、超音速工艺均有着一些潜在的优势，特别由于它们的紧凑设计，适合在海上油田应用，不过，商业化的应用还极为有限。还有一些其他溶剂可以同时去除重烃和水，包括聚乙二醇二甲醚（DEPG）和甲醇等，但通过这些过程来去除水还是具有偶然性和不确定性。

在天然气矿场处理系统的设计中，应综合评价并考虑以下参数：

（1）包括伴生气和游离气在内的天然气储量估计；

（2）天然气的流量及原料天然气的组分；

（3）本地及外部市场对天然气产品的需求；

（4）所处地理位置和成品天然气的输送方式；

（5）环境因素；

（6）项目实施的风险性和经济性。

在这些参数中，天然气储量估计是至关重要的，天然气的矿场处理及其加工有着多种不同的方案，然而具体解决方案的选择还依赖于天然气的组分性质、天然气生产区的位置及天然气产品的市场需求。

第二节　天然气脱硫工艺与设施

天然气中酸性组分的浓度范围分布较宽，其体积分数可从百万分之五十到百分之五十，甚至更高。而例如在美国，销售的成品天然气要求其中的酸性组分含量不超过百万分之四。醇胺法是目前天然气脱酸工艺中使用最为广泛的方法，其中最常用的烷基醇胺类化合物为一乙醇胺（MEA）和二乙醇胺（DEA）。本节介绍了国外油田矿场天然气脱酸工艺，以及在选择工艺时考虑的因素，对间接脱酸工艺中的海绵铁法、氧化锌法、分子筛法与湿法脱酸工艺中的化学吸附（运用可再生的烷醇胺溶剂和碳酸钾）和物理吸附（运用物理溶剂）进行了比较，同时，介绍了天然气脱酸工艺中的直接转化方法，这些方法通过使用含有氧化剂的碱性溶液将硫化氢转化为硫，蒽醌法就是其中一个典型的例子。另外，综述了不同类气体选择性渗透的膜工艺。

一、脱酸工艺及其选择

国外现有的天然气脱酸工艺超过 30 种，其中最常用的工艺可划分为以下几种：

（1）干式床层法。即采用海绵铁、分子筛和氧化锌等材料来完全脱除低浓度的 H_2S。如果对反应物废弃处置，那么在气体流量较小或 H_2S 浓度较低的情况下，该方法适用于少量硫的脱除，且参与反应的材料会进行废弃处理。

（2）化学溶剂吸收法。如 MEA（一乙醇胺）、DEA（二乙醇胺）、DGA（二甘醇胺）、DIPA（二异丙醇胺）、热碳酸钾和一些混合溶剂，可去除大量的 H_2S 和 CO_2，且溶剂是可再生的。

（3）物理溶剂吸收法。常用的物理溶剂有 Selexol、Recisol、Purisol 和 Fluor 等，用于脱除 CO_2，且这些溶剂也是可再生的。

（4）直接氧化法。如蒽醌法、Sulferox LOCAT 法和 Claus 法，这些工艺可吸收原料天然气中的 H_2S。

（5）膜分离法。如 AVIR，Air Products，Cynara（Dow），DuPont，Grace，International Permeation 和 Monsanto 等膜工艺，膜分离法可处理高浓度的 CO_2。

在选择给定的脱酸工艺时需要考虑诸多因素，这包括需要去除的杂质类型（ H_2S，硫醇）、入口和出口酸性气体的浓度、天然气处理量、温度、压力、回收硫黄的可行性、酸气的选择性、重质烃和芳香烃在气体中的量、产气井的井位、环境因素及与其他工艺比较时的经济性。

结合图 5–2，根据原料天然气中的酸气浓度、天然气所需的脱酸程度和销售需满足的产品质量，可帮助在生产中选择适合的脱酸工艺，但是脱酸工艺的最终选定还应综合考虑环境、经济和其他因素。如图 5–3 所示为国外油田几种常使用的商业化流程，如果不考虑硫的回收，可以使用间接脱酸工艺，这些工艺也可分为湿法和干法，如果原料天然气中的含硫量低，此时需要去除的总硫量不多，往往就选择干法。干法可分为海绵铁（氧化铁）法或氧化锌法，在使用干法脱酸时，由于氧化物价格低廉，其与酸性组分形成的硫化物一般不会就地再生为氧化物，国外往往是交由承包公司回收再生，这样无需进一步处理硫化物的回收，可降低运营成本。当然，如果有就地再生的需要时，可使用分子筛法进行脱酸。

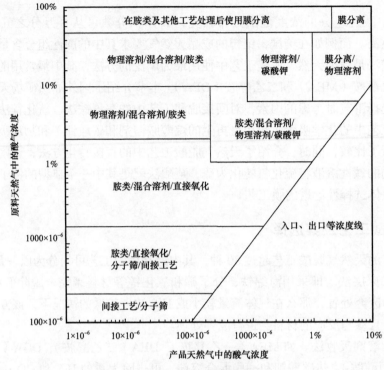

图 5-2　脱酸工艺的选择

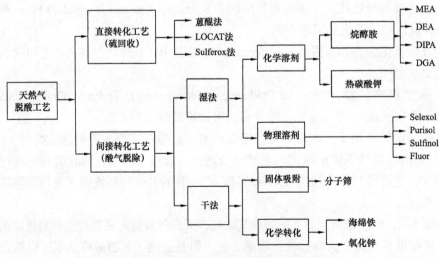

图 5-3　国外油田常见天然气脱酸流程

若原料天然气中含有大量的 H_2S 和 CO_2，则应选择湿法工艺。湿法中的物理溶剂吸收法适合选择性地去除 H_2S，同时也可以去除羰基硫和二硫化碳。但当原料天然气中含有大量的重质烃类（C_{3+}）时，在使用物理溶剂脱酸后，这些重质烃类会与酸性气体一起从溶剂中解吸出来，从而导致其发生严重的损耗而无法实现经济回收。湿法的另一种方式是采用胺类或碳酸盐等化学溶剂对天然气中高含量的 H_2S 和 CO_2 同时进行脱除，即化学溶剂吸收法，醇胺法就是代表性的一种，可以通过较低成本来获得较好的脱除效果，并且在设计和操作中具有良好的灵活性。不过，若湿法运用中还需要从原料天然气中去除羰基硫和二硫化碳，则应选择碳酸盐，碳酸盐法也可以在较低运行成本下取得较好的脱硫效果。

如果需要对天然气中的硫进行回收，可选择只对 H_2S 具有选择性的直接转化法，如选择蒽醌法、LOCAT 法和 Sulferox 法等一些能够去除天然气中 H_2S 的方法。Claus 法被认为是最适合在通过固定床反应器再生或胺单元再生的情况下，得到 H_2S 浓缩流，进而实现硫回收的方法。

二、间接转化工艺

间接转化工艺常用于对硫含量低的原料天然气进行脱酸，在此工艺中，CO_2 的存在并不会影响脱酸，经过工艺处理后，可基本去除原料天然气中的 H_2S。

1. 海绵铁法

海绵铁固定床化学吸附是国外油田天然气脱酸处理中应用最广泛的间接转化工艺，该方法适用于 H_2S 浓度低于 300mg/L 的酸性天然气脱酸，但无法对二氧化碳进行脱除，其工作压力在低压 345kPa 到中等压力 3447kPa 之间。在填满水合氧化铁和木屑的固定床反应器顶部，入口气作为反应物参与反应，反应需要通过控制水的注入而使 pH 值在 8～10，其基本反应方程式为 H_2S 与氧化铁生成硫化铁：

$$2Fe_2O_3 + 6H_2S \longrightarrow 2Fe_2S_3 + 6H_2O$$

再生床层可通过氧化反应再生氧化铁，反应方程式为

$$2Fe_2S_3 + 3O_2 \longrightarrow 2Fe_2O_3 + 6S$$

再生反应中产生的硫可能有一部分在床层上板结，此时应缓慢通入氧气以实现硫的氧化，其反应方程式为

$$S_2 + 2O_2 \longrightarrow 2SO_2$$

氧化铁在反复循环的反应过程中将会逐渐失活，通常在 10 次循环后需要更换床层。该间接转化工艺可以连续运行，进口含硫天然气通过不断加入少量的空气或氧气，使得生成的硫在形成时即被氧化，其优点在于能够很大程度上节省装卸的人工成本，并获得每单位氧化铁较高的硫回收率。

海绵铁工艺在高压连续运行条件下的典型流程如图 5-4 所示，当其中一个塔进行从酸性天然气中脱除 H_2S 时，另一个塔则进行空气吹入下的循环再生过程。由于前述生成硫的反应可放出大量的热，并且需要对其反应速度进行控制，所以最后的再生阶段往往需要谨慎运行。在两座塔的海绵铁床层将要耗尽时，更换床层必须格外小心。在打开床层时，空

气的进入会导致床层温度急剧上升，进而可能导致床层发生自燃，所以床层应在更换前全部浸湿。海绵铁法中仅有 α-Fe₂O₃-H₂O 和 γ-Fe₂O₃-H₂O 两种氧化铁可用于气体脱硫，它们很容易与 H₂S 反应，并通过易于氧化再生而生成相应的氧化铁形式。

国外油田实践表明，在某些情况下，较为经济的做法是使用单一床层，并将包含硫化铁的废弃床层用卡车拉运到处理场地，然后再重新为塔铺上新的氧化铁床层，使其再次投入使用。处理场地的废弃床层会与空气中的氧气发生缓慢的反应，这个一过程在国外油田一般由承包商完成。

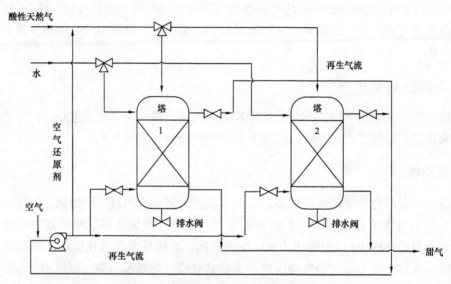

图 5-4　海绵铁脱硫工艺典型流程图

尽管该间接转化工艺可处理高酸性组分浓度天然气，使出口甜气中的酸性组分浓度降至 1mg/L，但海绵铁床层的设计是关键。海绵铁床层的设计需要以下各项数据：天然气流量 Q_g（m³/d）、操作压力 p（kPa）、操作温度 T（℉）、进口气中 H₂S 浓度 X_{AG}（mg/L）、天然气压缩因子 Z（可查表获取）、天然气的相对密度 SG。床层设计计算的步骤如下。

（1）计算塔径。

首先，计算最小塔径：

$$d_{min}^2 = 0.564 \frac{Q_g TZ}{p} \qquad (5-1)$$

式中　d_{min}——最小塔径，cm。

然后，计算防止窜流的最大塔径 d_{max}：

$$d_{max}^2 = 2.82 \frac{Q_g TZ}{p} \qquad (5-2)$$

式中　d_{max}——最大塔径，cm。

实际塔径在此最大塔径和最小塔径之间选取。

（2）计算海绵铁的日消耗量。

$$R = 1.33 \times 10^{-8} Q_g X_{AG} \quad (5-3)$$

式中　R——海绵铁日消耗量，m^3/d。

（3）计算床层体积。

床层高度的选择应在 3～6m，则床层体积为

$$V = 0.7854 D^2 L \quad (5-4)$$

式中　V——床层体积，m^3；

　　　D——塔径，cm；

　　　L——床层高度，m。

床层的更换时间便是在 V/R 天后。

于是，如果原料天然气的流量为 $5.67 \times 10^4 m^3/d$，其相对密度为 0.7，其中酸性组分的浓度为 25mg/L，海绵铁床层的操作压力和温度分别为 $6.9 \times 10^3 kPa$ 和 120°F，则可以按以下过程设计一个海绵铁脱酸单元：

$$d_{min}^2 = 0.564 \frac{Q_g TZ}{p} = \frac{0.564 \times 5.67 \times 10^4 \times 580 \times 0.86}{6.9 \times 10^3} = 2311.74 cm^2 \quad (5-5)$$

$$d_{max}^2 = 2.82 \frac{Q_g TZ}{p} = \frac{2.82 \times 5.67 \times 10^4 \times 120 \times 0.86}{6.9 \times 10^3} = 11558.71 cm^2 \quad (5-6)$$

则最小塔径 d_{min} 为 48cm，最大塔径 d_{max} 为 108cm。若在最小塔径和最大塔径之间取 61cm，则海绵铁的日消耗量 R 为

$$R = 1.33 \times 10^{-8} Q_g X_{AG} = 1.33 \times 10^{-8} \times 5.67 \times 10^4 \times 25 = 0.0189 m^3/d \quad (5-7)$$

选择床层高度 3m，则床层体积 V 为

$$V = 0.7854 D^2 L = 0.7854 \times (0.61)^2 \times 3 = 0.88 m^3 \quad (5-8)$$

床层的使用寿命便为

$$V/R = 0.88/0.0189 = 47d \quad (5-9)$$

也就是说该床层应在 6 周后进行更换。

2. 氧化锌法

氧化锌可以代替氧化铁脱除进口气中的 H_2S，COS、CS_2 和硫醇，并且这种材料是一种效果较氧化铁更好的吸附剂，它可使出口气中 H_2S 浓度在 300℃左右的温度条件下降至 1mg/L。该方法的基本反应方程式为氧化锌与 H_2S 反应生成水和硫化锌：

$$ZnO_3 + H_2S \longrightarrow ZnS + H_2O$$

氧化锌法的一个主要缺点是在板结后氧化锌表面活性明显减小，无法就地再生。此外，固体床层的机械强度会由于细小颗粒的形成而大部分丧失，进而导致工艺运行过程中压降升高。由于上述问题的存在及反应产物硫化锌处理的困难，加之锌是一种重金属，该方法在国外油田矿场已经很少使用。

3. 分子筛法

分子筛作为晶体状铝硅酸钠，具有大的表面积和狭窄的孔径，表面上具有高度局部化的极性电荷，即便在非常低的浓度下也可充当极性物质的吸附位点，所以经过分子筛法处理的天然气的 H_2S 浓度可低至 4mg/L。关于分子筛的类型及其基本特性将在后面天然气脱水工艺与设施中具体介绍。如果需要脱除 H_2S，可选择 5A 型分子筛；若需要脱除硫醇，则可选择 13X 型分子筛。无论哪种情况，分子筛的选择都是为了使催化反应最小化：

$$H_2S+CO_2 \rightleftharpoons COS+H_2O$$

烯烃、芳烃和甘醇被大量吸附后可能会毒化分子筛。矿场应用中，至少需要两组分子筛床层，以便一组在吸附时，另一组在再生。分子筛法脱硫工艺流程如图 5-5 所示，在该工艺中，硫化合物被吸附在冷却的再生床上，在 204～260℃，甚至更高的温度下预先加热约一个半小时后，饱和的床层通过一部分甜气进行再生。随着床层温度的升高，吸附的 H_2S 便会释放。但此过程中，酸性废气燃烧大约会损失 1%～2% 的产品天然气。在矿场应用时，对这个过程中可加入一个胺单元来弥补损失，此时 H_2S 可在胺单元的再生器中进行燃烧，如果环保不允许这种燃烧的话，则应将 H_2S 集合到硫回收处理中心进行处置。

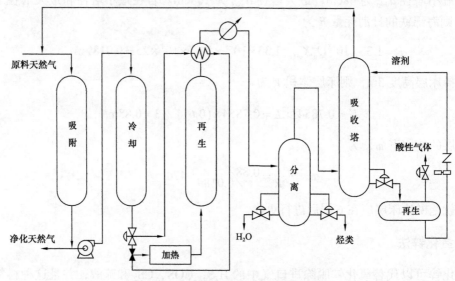

图 5-5　分子筛法脱硫工艺流程示意图

三、湿法脱酸工艺

湿法脱酸工艺是天然气脱酸处理常用的工艺之一，在该工艺中，化学溶剂以水溶液的

形式与 H_2S 和 CO_2 进行可逆反应，其形成的产物可通过温度、压力变化或者二者同时变化进行再生；物理溶剂则用于选择性地脱除含硫化合物，并且在常温下通过降低压力进行再生。湿法脱酸也可以使用物理溶剂和化学溶剂的混合物，胺类和碳酸盐类化学溶剂及物理溶剂的比较见表 5–3。

表 5–3　化学溶剂吸收法与物理溶剂吸收法的比较

特征	化学溶剂吸收法		物理溶剂吸收法
	醇胺法	碳酸盐法	
吸收剂	MEA，DEA，DGA，DIPA	K_2CO_3，K_2CO_3+MEA，K_2CO_3+DEA，K_2CO_3+ 三氧化二砷	Selexol，Recisol，Purisol
操作压力，kPa	无明确要求	$>1.38 \times 10^3$	$(1.72 \sim 6.89) \times 10^3$
操作温度，℃	$38 \sim 204$	$93 \sim 121$	环境温度
溶剂回收方式	再沸汽提	汽提	闪蒸、再沸或汽提法
设施成本	高	中	低或中
对 H_2S 和 CO_2 的选择性	一些胺（MDEA）有选择性	可能存在选择性	对 H_2S 有选择性
原料天然气中 O_2 的影响	形成降解产物	无	在低温下使硫析出
COS 和 CS_2 的脱除	MEA：不能脱除 DEA：少量脱除 DGA：直接脱除	将其转化为 CO_2 和 H_2S 后进行脱除	直接脱除
操作问题	溶液降解、发泡和腐蚀	磨损、腐蚀	重质烃类吸收

1. 醇胺法

在天然气脱酸中应用最为广泛的是醇胺水溶液，它们通常用于 CO_2 和 H_2S 的大量脱除。该工艺成操作成本低，具备调整溶剂组分以适应气体组分的灵活性，也可在胺溶液中加入液态物理溶剂来提高其选择性。经典的醇胺法流程如图 5–6 所示，酸性天然气进入洗涤器以脱除其携带的水和液态烃，随后气体从吸收塔的塔底进入，甜气从塔顶排出，吸收塔的底部在气流量高时采用塔盘形式，气流量低时采用填料形式。可再生的胺溶液（贫液）从塔顶部进入，与气流逆向接触，在吸收塔中胺相通过化学反应吸收 CO_2 和 H_2S，出口含有 CO_2 和 H_2S 的胺溶液称之为富液。富液经过闪蒸和过滤后被送至汽提塔塔顶以回收胺，此时其中的酸性气体 CO_2 和 H_2S 会在塔顶分离排出，而回流水有助于从富液中脱除酸气，再生后的胺溶液（贫液）则回收用于吸收塔的顶部。

醇胺法的操作条件取决于所其使用胺溶剂的类型，对应不同的操作条件见表 5–4，伯胺与酸性气体反应最为强烈，但由于其反应会形成稳定的化学键，所以很难通过汽提回收；仲胺具有可观的吸收酸性气体的能力且易于回收；叔胺的吸收能力较弱，但它们对 H_2S 的吸收更具有选择性。

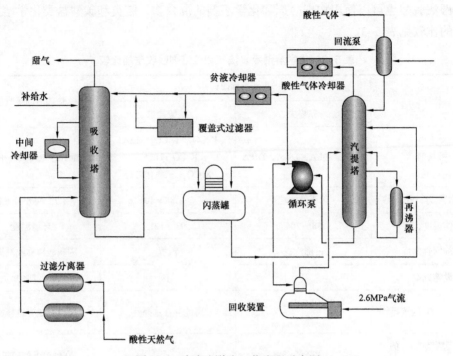

图 5-6　醇胺法脱硫工艺流程示意图

表 5-4　胺类溶剂的比较

溶剂	MEA	DEA	DIPA	DGA	MDEA
化学式	RNH_2	R_2NH	R_2NH	$RO（CH_2）_2NH_2$	R_2CH_3N
相对分子质量	61	105	133	105	119
胺类型	伯胺	仲胺	仲胺	伯胺	叔胺
蒸气压，mHg（38℃）	1.05	0.058	0.01	0.16	0.0061
凝点，℃	−9.4	−6.7	−8.8	−40	−31.7
相对含量，%	100	58	46	58	51
溶液质量分数，%	20	30	35	60	50
负荷，mol（酸气）/mol（胺溶液）	0.35	0.5	0.7	0.3	0.4
H_2S/CO_2 选择性	1	1	2	1	3
溶剂浓度，%（质量分数）	15~20	20~35	30~40	45~65	40~55
酸性气体，mol/mol	0.3~0.4	0.5~0.6	0.3~0.4	0.3~0.4	0.3~0.45
循环量，m^3/mol（酸气）	0.38~0.62	0.23~0.47	—	0.19~0.28	0.25~0.42

溶剂	MEA	DEA	DIPA	DGA	MDEA
天然气流量，kg/m^3	119.8～143.8	107.8～131.8	—	131.8～155.7	107.8～131.8
再沸温度，℃	116	118	124	127	121
反应热，kJ/kg（H_2S酸气）	1.44×10^3	1.28×10^3	—	1.57×10^3	1.16×10^3
CO_2	660	630	0	850	600

注：H_2S/CO_2选择性为10表示具备最好的选择性，1表示不具备选择性。

在上述列举的胺类溶剂中，二乙醇胺（DEA）安装和操作成本较低，所以其最为常见，这里介绍每种胺类溶剂的具体特性。

（1）单乙醇胺溶剂（MEA）。

单乙醇胺（MEA）是一种性质最为强烈的伯胺，可用来加工符合管道规格的天然气，它与H_2S和CO_2反应为

$$2（RNH_2）+H_2S \rightleftharpoons （RNH_3）_2S$$

$$（RNH_3）_2S+H_2S \rightleftharpoons 2（RNH_3）HS$$

$$2（RNH_2）+CO_2 \rightleftharpoons RNHCOONH_3R$$

上述这些反应是可逆的，会在吸收器中的低温条件下正向进行，在汽提塔中的高温条件下逆向进行。MEA与H_2S和CO_2的反应是非选择性的，除此之外，它还会与COS和CS_2发生不可逆的反应，进而导致溶液损失并在循环溶液中积累有固体产物，这些固体产物也可能是腐蚀源。

MEA法通常采用15%～20%（质量分数）的MEA水溶液，每摩尔的MEA可脱除0.3～0.4mol的酸性组分，循环速率为MEA与H_2S的摩尔比在2～3。由于溶液强度和负荷超过极限会导致过度腐蚀，所以国外油田矿场应用中通常选用的比例为3。由于在液相中污染物的存在，MEA很容易发泡，并且产生的泡沫会在吸收塔中残留。液相中的这些污染物可能是浓缩的烃类、降解产物和硫化铁，也可能是腐蚀产物和过量的抑制剂。固体杂质可通过过滤器去除，烃类可以通过闪蒸脱除，降解产物可以通过回收装置去除。矿场应用吸收塔的塔盘数量在20～25个，而实践运行表明，前10个塔盘即可吸收所有的H_2S，而另外10个塔盘并没有显著的作用，因此往往建议使用塔盘数为15个。如果原料天然气中不含有可以形成稳定产物并消耗胺的COS和CS_2，通常推荐使用MEA；如果原料天然气中含有这些化合物，则必须使用回收装置，即通过使用NaOH这样的强碱再生并释放胺，且这类碱随后即被中和。

（2）二乙醇胺。

二乙醇胺（DEA）正在取代MEA成为应用最广泛的天然气脱硫溶剂，它是一种反应性和腐蚀性都比MEA低的仲胺，此外，它与COS和CS_2反应形成的产物可以再生DEA。

相比于 MEA，它还具有较低的蒸气压和反应热，这意味着具备较低的反应损失和易于发生反应，它与 CO_2 和 H_2S 的基本反应和 MEA 是一样的：

$$2R_2NH+H_2S \rightleftharpoons (R_2NH_2)_2S$$

$$(R_2NH_2)_2S +H_2S \rightleftharpoons 2R_2NH_2SH$$

$$2R_2NH+CO_2 \rightleftharpoons R_2NCOONH_2R_2$$

基于上述反应，DEA 可与一定量的酸性气体反应并循环使用，在与相同量的酸性气体反应时，0.78kg 的 DEA 等同于 0.45kg 的 MEA 的效用。由于 DEA 的腐蚀性较低，可以选用质量分数为 35% 的胺溶液，每摩尔 DEA 可吸收 0.65mol 的酸性气体，而由于降解产物排出后并不需要回收装置，所以相对于 MEA 法来说，DEA 法会减少一些操作问题的发生。

（3）二异丙醇胺。

二异丙醇胺（DIPA）是一种仲胺，它在壳牌公司授权的 ADIP 工艺中使用最为频繁。DIPA 可与 COS 和 CS_2 反应，且反应产物易于再生。在低压下，DIPA 对 H_2S 更有选择性；而在高压下，DIPA 可同时脱除 CO_2 和 H_2S。DIPA 不具备腐蚀性且只需少量的热量来使富液再生。

（4）甲基二乙醇胺。

甲基二乙醇胺（MEDA）法通常选用质量分数为 20%～50% 的胺溶液。质量分数的溶液通常在压力非常低的条件下进行具有选择性的应用。每摩尔胺溶液吸收 0.7～0.8mol 酸性气体的负荷在碳钢设备中是实用的，再高的负荷则可能会带来一些问题。由于氧气的存在，MEDA 会形成具有腐蚀性的酸，如果不将其从系统中去除，就会导致硫化铁的积聚。MEDA 法也具备蒸气压低、反应热低、抗降解能力强、对 H_2S 的选择性高等其他优点。MEDA 的主要优点在于当 CO_2 存在时对 H_2S 具有选择性，在 CO_2/H_2S 高比值下，可脱除大部分的 H_2S，并且大部分的 CO_2 可以通过吸收塔进入到产品气中。MEDA 对 H_2S 的选择性增强是由于它不能与 CO_2 形成氨基甲酸酯，将塔板停留时间控制在 1.5～3.0s，以及提高塔内温度都利于在 CO_2 排出的情况下吸收 H_2S，也就是提高对 H_2S 的选择性吸收。

（5）混合胺溶剂。

混合胺通常指 MDEA 和 DEA 或 MEA 的混合物，可用于强化 MDEA 对 CO_2 的去除，这种混合物也被称为 MDEA 基胺，仲胺的摩尔占比一般不到总胺的 20%。在较低的 MEA 和 DEA 浓度下，混合胺的强度可以高达 55% 的质量分数，且不会引起腐蚀问题。混合胺在低压条件下的应用更有价值，这是由于低温下 MDEA 吸收 CO_2 的能力较低，不能满足管道规格要求；而在较高的压力下，混合胺与 MDEA 的效用近乎一致。此外，混合胺也适用于原料天然气中 CO_2 含量随时间增加的情况。

（6）胺单元的设计。

对于不同的胺溶剂，胺单元的设计是相似的，然而，在胺反应性较强的情况下，应该增添一个回收装置，如通过 MEA 回收这些胺。醇胺法脱酸工艺的主要设备是吸收塔，吸收塔的设计是关键，其相关操作参数参见表 5-4。

2. 热碳酸钾法

在此脱酸工艺中，热碳酸钾（K_2CO_3）常用来脱除 CO_2 和 H_2S，它也可与 COS 和 CS_2 发生可逆反应来进行脱除。当 CO_2 气体分压处于 $207 \sim 621kPa$ 时，该工艺脱酸效果最好，此时会发生以下反应：

$$K_2CO_3 + CO_2 + H_2O \rightleftharpoons 2KHCO_3$$

$$K_2CO_3 + H_2S \rightleftharpoons KHS + KHCO_3$$

从反应式可以看出，若想使 $KHCO_3$ 保持在溶液中，应需要较高的 CO_2 分压，若 CO_2 的分压不高，H_2S 将不会发生反应。正是这种原因，该工艺无法满足出口气中含低浓度酸性气体的要求，所以需要如分子筛等精细处理单元。若想确保碳酸钾和反应产物（$KHCO_3$ 和 KHS）保持在溶液中，则必须温度升高。因此，该工艺不能用于只含有 H_2S 的天然气。

如图 5-7 所示，由于吸收塔和再生器通常在 $110 \sim 116℃$ 的高温条件下工作，所以热碳酸盐工艺也被简称为热工艺。在该工艺中，酸性天然气从吸收塔底部进入，与碳酸盐液流逆向流动接触后，从吸收塔的顶部排出甜气。通常，吸收塔的操作温度和压力分别为 $110℃$ 和 $621kPa$。富液从吸收塔的底部流出后在汽提塔中进行闪蒸，其中汽提塔的操作温度和压力分别为 $118℃$ 和 1 个标准大气压，闪蒸后酸性气体将被排出，而贫液则会泵回至吸收塔。

碳酸钾溶液的强度会受碳酸氢钾（$KHCO_3$）在富液中溶解度的限制，而工艺系统的高温会使 $KHCO_3$ 溶解度增加，即每摩尔的 K_2CO_3 与 CO_2 反应生成 2mol 的 $KHCO_3$。由于这个原因，$KHCO_3$ 在富液内会限制 K_2CO_3 贫液浓度在 $20\% \sim 35\%$（质量分数）之间。

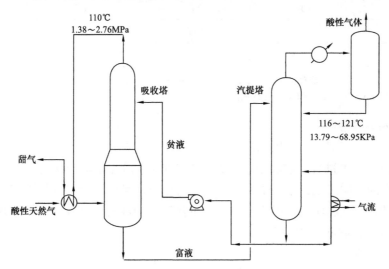

图 5-7　热碳酸钾法脱硫工艺流程示意图

3. 物理溶剂吸收法

在物理溶剂吸收脱硫工艺中，有机液体（溶剂）在高压、低温的条件下用于吸收 H_2S，其次吸收 CO_2。物理溶剂的再生是通过不断降压进行的，有时再生环境可能是没有

热量的真空。亨利定律可表示为

$$p_i = Hx_i \tag{5-10}$$

式中　H——亨利常数。

或

$$x_i = \frac{y_i}{H} p \tag{5-11}$$

由式（5-11）可知，酸性气体在液相中的溶解度（x_i）与其气体摩尔分数（y_i）成正比，与给定温度下的亨利常数成反比。而值得注意的是，溶解度与总的气体压力（p）成正比，这意味着在高压下，酸性气体会溶解在溶剂中，而随着压力的释放，溶剂也可以进行再生。天然气脱硫过程中可使用的 4 种重要物理溶剂的性质见表 5-5。

表 5-5　物理溶剂性质

类别	Fluor 法	Purisol 法	Selexol 法	Sulfinol 法
溶剂	碳酸丙烯酯	N-甲基吡咯烷酮	聚乙二醇二甲醚	环丁砜
分子质量	102.09	99.13	134,17	120.17
凝点，℃	-49	-24	-64	25
沸点，℃	242	202	162	286
H_2S 溶解度	13.3	43.3	25.5	—
CO_2 溶解度	3.3	3.8	3.6	—
COS 溶解度	6.0	10.6	9.8	—
C_3 溶解度	2.1	3.5	4.6	—

注：（1）酸性气体溶解度是标准大气压、25℃条件下单位体积（cm^3）溶剂中溶解酸性气体的体积（cm^3）；
　　（2）Sulfinol 指环丁砜、DIPA 和 H_2O 的混合物。

（1）Fluor 溶剂法。

Fluor 溶剂法是利用碳酸丙烯酯脱除天然气中的 CO_2，H_2S，C_{2+}，COS，CS_2 和 H_2O，一步法对原料天然气进行脱硫和脱水。如图 5-8 所示为 Fluor 溶剂法典型工艺流程，其再生单元由 3 个闪蒸罐组成，第一个闪蒸罐主要对含有烃类的天然气进行压缩和回收，第二个闪蒸罐驱动膨胀式涡轮机，第三个闪蒸罐主要进行酸性气体吸收。该工艺方法可将天然气中高浓度的 CO_2 脱除至 3% 以下。

（2）Selexol 溶剂法。

Selexol 溶剂法使用聚乙二醇二甲醚的混合物作为溶剂，溶剂无毒，且对于胺溶液来说它的沸点并不高。Selexol 溶剂法的工艺流程如图 5-9 所示，在 6.9MPa 的压力下，冷却的天然气从吸收塔底部注入，产生的富液在压力约为 1.4MPa 的高压闪蒸罐中进行闪蒸，而甲烷可通过闪蒸回收到吸收塔并作为甜气排出。之后，剩余的溶剂在大气压力下进行闪蒸，脱除酸性气体，然后进行汽提操作使溶剂完全再生，进而再循环回吸收塔，溶剂中的烃类将会凝析出来，并且残余的酸性气体也将从冷凝罐析出。该工艺方法适用于天然气中酸性气体分压较高且不含有重质烃类的情况，此外，也可以在该溶剂中加入 DIPA，以脱除 CO_2，达到天然气管道规范要求。

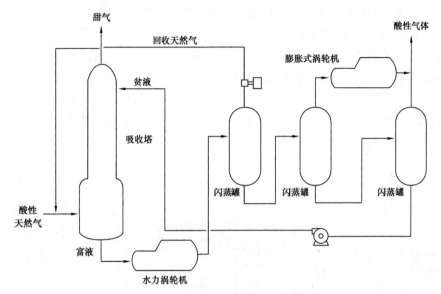

图 5-8 Fluor 溶剂法典型工艺流程

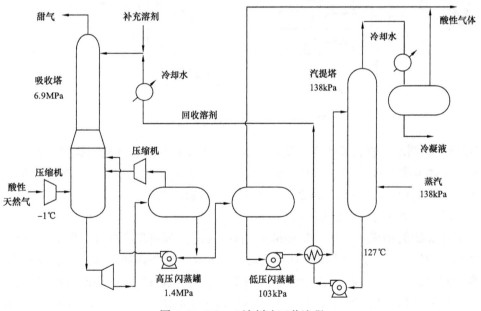

图 5-9 Selexol 溶剂法工艺流程

（3）Sulfinol 溶剂法。

Sulfinol 溶剂法使用 40% 的环丁砜（又名四氢噻吩 -1，1- 二氧化物）、40% 的 DIPA 和 20% 的水为溶剂，是通过加入如环丁砜等物理溶剂来提高胺溶液选择性的一个很好的应用。环丁砜是 H_2S，COS 和 CS_2 等含硫化合物的优质溶剂，且芳香烃、重质烃类和 CO_2

在其中的溶解程度较小。Sulfinol 溶剂法通常用于 H_2S 与 CO_2 的比值大于 1：1，或者对 CO_2 脱除程度要求不高的情况，每摩尔的 Sulfinol 溶剂可以处理 1.5mol 的酸性气体。如图 5-10 所示，Sulfinol 溶剂法运用常规的溶剂吸收和再生循环，原料天然气在规定压力下通过逆向流接触贫液，进而脱除其中的酸性气体，然后在加热的再生塔中通过汽提的方式从富液中除去吸收的杂质，之后，将热的贫液冷却并送至吸收塔中再次使用，冷却过程可通过与富液进行热交换而实现部分热能的回收。在原料天然气中含有大量硫化氢的应用中，Sulfinol/Claus 装置存在一个平衡，可以不使用热交换器。部分减压后从富液中闪蒸出的气体可用作燃料气体，在某些情况下，需要用 Sulfinol 溶剂处理闪蒸出的气体，以控制其中的酸性气体含量，进而满足处理装置燃料的供应。

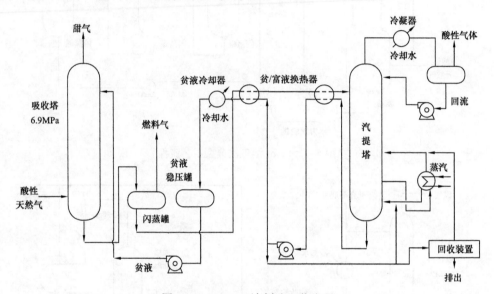

图 5-10　Sulfinol 溶剂法工艺流程

Sulfinol 溶剂的回收装置作为小型辅助设施，可以从烷醇胺降解的高沸点产品或其他高沸点、固体杂质中回收溶剂组分。Sulfinol 回收装置与传统的 MEA 回收装置相似，但是与 MEA 回收装置相比，它的气体处理量要小得多。通常情况下，Sulfinol 回收装置在处理装置启动后的几个月内不需要再次启动。

在上述介绍的物理溶剂中，Selexol 溶剂较 Fluor 溶剂更具选择性，但是 Selexol 溶剂具有能溶解丙烷的缺点。所有的物理溶剂对重质石蜡、芳香烃和水都具有显著的亲和力，这种吸湿能力也使得它们成为了较好的干燥剂。物理溶剂的酸气负荷能力通常要比胺类溶液高，在国外油田应用实践中，在 H_2S 气体分压为 1.4MPa 的条件下，20% MEA 溶液的酸气负荷约为 11.5，而物理溶剂环丁砜的负荷约为 18，混合溶剂 Sulfinol 的负荷约为 19，这种负荷是指每 $3.8 \times 10^{-3} m^3$ 溶剂处理 H_2S 的物质的量。

四、直接转化工艺

工业上将 H_2S 直接转化为硫的工艺有很多，这里结合国外油田的矿场应用，主要介绍针对天然气脱硫的转化工艺。通常来说，H_2S 会被含有氧化剂的碱溶液吸收，继而氧化剂将其转化为硫，溶液可在浮选槽（氧化槽）中通过空气再生。基于这种目的的直接转化工艺方法有蒽醌法、LOCAT 法、Sulferox 法和膜分离法。

1. 蒽醌法

该方法所用的吸收液为稀 Na_2CO_3，$NaVO_3$ 和蒽醌二磺酸（ADA），发生的反应有以下四步：

$$H_2S+Na_2CO_3 \Longrightarrow NaHS+NaHCO_3$$

$$4NaVO_3+2NaHS+H_2O \Longrightarrow Na_2V_4O_9+4NaOH+2S$$

$$Na_2V_4O_9+2NaOH+H_2O+2ADA（氧化态）\Longrightarrow 4NaVO_3+2ADA（还原态）$$

$$AD（还原态）+\frac{1}{2}O_2 \Longrightarrow ADA（氧化态）$$

该工艺使用 ADA 作为有机载氧体，可处理 H_2S 浓度非常低的天然气，并且生成的产品为单质硫。在氧化槽中，ADA 被吹入的空气重新氧化，沉淀的硫也以泡沫的形式溢出。

蒽醌法的工艺流程如图 5-11 所示，酸性天然气从吸收塔底部进入，甜气由吸收塔顶部排出。溶液从吸收塔顶部进入后，在吸收塔底部停留一段时间并发生反应，以对 H_2S 进行选择性吸收。反应后的溶液引至氧化槽内，通入空气使 ADA 从还原态氧化为氧化态，而单质硫形成的泡沫将进入到过滤器或离心单元，在这些单元中，加热会得到熔融硫，反之则会得到过滤硫饼，而这些单元中的滤液将和氧化后的溶液一起回流到吸收塔。

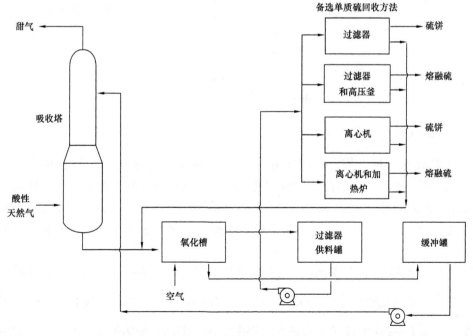

图 5-11 蒽醌法工艺流程

2. LOCAT 法

LOCAT 法使用的吸收液为极度稀释的螯合铁溶液，其中一小部分螯合剂会在某些副反应中耗尽，并随沉淀的硫一起流失。如图 5-12 所示，在该工艺中，酸性气体通过与吸收塔中的螯合剂接触，使 H_2S 与溶解的 Fe^{3+} 反应生成单质硫，涉及反应为

$$H_2S+2Fe^{3+} \longrightarrow 2H^+ + S + 2Fe^{2+}$$

还原性铁离子在再生器中通入空气的情况下再生：

$$\frac{1}{2}O_2 + H_2O + 2Fe^{2+} \longrightarrow 2OH^- + 2Fe^{3+}$$

单质硫从再生器中出来后，再经过离心和熔化。这一过程中，由于反应放热，所以不需要额外加热。

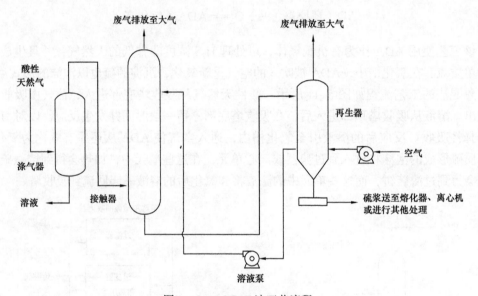

图 5-12 LOCAT 法工艺流程

3. Sulferox 法

与 LOCAT 法一样，螯合铁化合物也是 Sulferox 法的关键，Sulferox 法也属于氧化还原工艺，然而，此工艺中通过使用浓缩的 Fe^{3+} 溶液来将 H_2S 氧化为单质硫。特定的有机溶剂或螯合剂均可用于增加 Fe^{3+} 在该工艺操作溶液中的溶解度，此外，由于溶液中 Fe^{3+} 浓度很高，所以溶液的循环速率可以保持在较低的水平，这也导致该工艺所需设备规模较小。

相同于 LOCAT 法，Sulferox 法也有两个基本的反应，第一个反应（$H_2S+2Fe^{3+} \longrightarrow 2H^+ + S + 2Fe^{2+}$）发生在吸收器中，第二个反应（$\frac{1}{2}O_2 + H_2O + 2Fe^{2+} \longrightarrow 2OH^- + 2Fe^{3+}$）发生在再生器中。Sulferox 法的技术关键是在过程中使用了配体，配体的应用允许了工艺中可使

用总 Fe^{3+} 浓度高（质量分数＞1%）的溶液。如图 5-13 所示，在 Sulferox 法工艺中，酸性天然气进入接触器，并在其中将 H_2S 氧化为单质硫，之后，处理得到的甜气和 Sulferox 溶液流向分离器，甜气从分离器的顶部排出，而溶液则送到再生器，在再生器中，Fe^{2+} 被空气氧化为 Fe^{3+}，溶液因此再生并回流到接触器。硫会在再生器中沉淀，并从底部送至过滤器内，然后在过滤器中产生硫饼，废气则从再生器的顶部释放。添加补充 Sulferox 溶液可替代配体的降解，而适当控制降解速率和清除降解产物可确保工艺顺利运行。

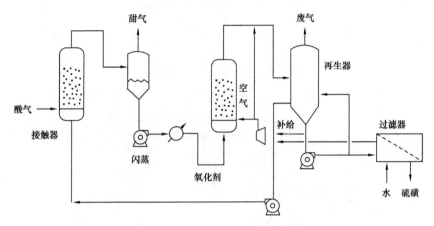

图 5-13　Sulferox 法工艺流程图

4. 膜分离法

聚合物膜可以通过对不同类气体的选择性渗透来分离气体，而天然气中不同组分的分离恰好可以利用这种性质。气体与膜表面接触并溶解，进而渗透到膜下并通过膜部分的气压梯度穿过膜壁。气体 A 的渗透量（q_A）可表示为：

$$q_A = PM \cdot A_m \cdot t \cdot \Delta p_A \tag{5-12}$$

式中　PM——膜中气体的渗透系数；

　　　A_m——膜的表面积；

　　　t——膜的厚度；

　　　Δp_A——气体 A 通过膜的分压。

如图 5-14 所示，该工艺的基本思想是让酸性天然气在膜的一侧流动，这样只有其中的酸性气体可以通过膜渗透扩散到另一侧，而其余的气体将会以甜气体的形式存在。该工艺通常采用螺旋缠绕和中空纤维两种膜结构。如图 5-15 所示，螺旋缠绕的薄膜结构是由四层薄膜以穿孔的收集管为中心围绕组成，并且整个结构是封装在一个金属外壳内的。酸性天然气从壳体的左端进入到进料通道，然后沿着螺旋的轴向流过这个通道，到达壳体的右端，此时甜气将从右端排出，而酸性气体将垂直渗透进膜内，渗透的气体进一步通过渗透通道流向穿孔收集管，并在那里的终端离开装置。螺旋缠绕结构的流动方向如图 5-16 所示。

中空纤维结构由一束直径非常小的中空纤维组成，该结构类似于一个管壳式热交换器，如图 5-17 所示，数以千计的细管在两端连接在一起，共同构成一个由金属外壳包裹的管板，此时单位体积的薄膜面积可高达 $9824m^2$。酸性气体可通过管道的薄膜扩散，并从该结构的底部排出，而脱除酸性气体的甜气将从顶部排出。

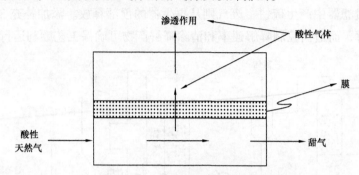

图 5-14　膜内流型的基本操作

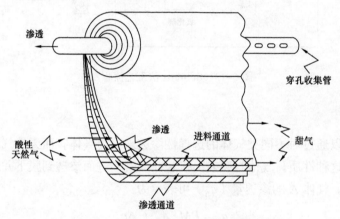

图 5-15　螺旋缠绕结构的原理及组件

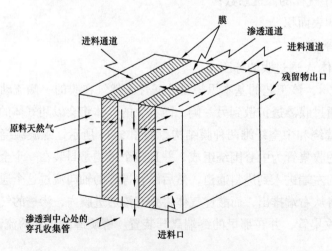

图 5-16　螺旋缠绕结构的气体流动路径

在这两种膜结构中，应保持高压以确保高渗透量。表 5-6 列举了一些气体在不同膜上的渗透性，表 5-7 给出了不同气体在商用膜中的渗透量，可以看出，H_2S 和 CO_2 比其他烃类的渗透速率更高。如果原料天然气中存在氢气和水蒸气，那么渗透气也将会含有氢气和水蒸气。通过在渗透侧吹入惰性气体或使用胺类化合物的方式，可使得通过渗透后从膜表面脱除的酸性气体发生化学反应，进而提高传质速率。而且多种膜结构间也可进行串联或并联，以满足工业上的一些特殊要求，如图 5-18 所示为一种两段式膜分离工艺。如果天然气中酸性组分的含量高达 50%，那么在单个膜结构中可将其减少至 20% 左右，并且可使用胺吸收装置将其减少到天然气酸性组分浓度技术规范，如图 5-19 所示。

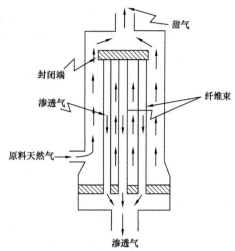

图 5-17 中空纤维膜分离器组件

表 5-6 不同气体在膜上的渗透性

膜材料	温度，℃	渗透系数（PM），$10^{10} \dfrac{cm^3(STP) \cdot cm}{cm^2 \cdot s \cdot Hg}$					
		He	H_2	CH_4	CO_2	O_2	N_2
硅橡胶	25	300	550	800	2700	500	250
天然橡胶	25	31	49	30	131	24	8.1
聚碳酸酯（Lexane）	25~30	15	12	—	5.6，10	1.4	—
尼龙 66	25	1.0			0.17	0.034	0.008
聚酯纤维	—		1.65	0.035	0.31		0.031
聚碳酸酯共聚物（57%硅氧烷）	25	—	210	—	970	160	70
聚四氟乙烯	30	62	—	1.4	—	—	2.5
乙基纤维素	30	35.7	49.2	7.47	47.5	11.2	3.29
聚苯乙烯	30	40.8	56.0	2.72	23.3	7，47	2.55

天然气脱硫工艺中的环境影响不容忽视。硫化氢是油田矿场加工中的主要污染物之一，尽管酸性气体处理是脱除 H_2S 的重要步骤，但是在酸性气体处理的过程中，产生的一些副产品也可能会造成污染问题，所以必须对其加以脱除。国外油田矿场脱硫过程中产生相关污染物的常见处理措施见表 5-8。

表 5-7 气体渗透量

气体种类	螺旋式缠绕结构膜组件中的渗透量, cm^3（STP）/（$m^2 \cdot d$）
H_2	100.0
He	15.0
H_2O	12.0
H_2S	10.0
CO_2	6.0
O_2	1.0
Ar	—
CO	0.3
CH_4	0.2
N_2	0.18
C_2H_6	0.1

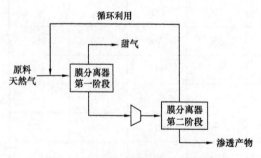

图 5-18 两段式膜分离工艺流程

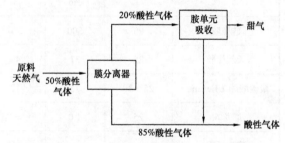

图 5-19 高含量酸性组分天然气膜分离流程

表 5-8 天然气脱硫污染物预防措施

污染物类别	预防措施
胺类污染物	在工艺系统中使用回收装置回收胺类污染物，并对其进行重复利用，以尽量减少废弃产物的量；使用过滤器过滤胺类污染物，以延长溶液的使用寿命并保持溶液利用效率
过滤污染物	通过压差监测及时更换过滤器；使用可重复使用的过滤器；在操作过滤器时，应注意防止油的泄漏；将所有排出的液体隔离在密封容器内，以便回收
海绵铁和硫化铁结垢物	选择从天然气中脱除 H_2S 的其他方法；在生产处理流程中使用杀菌剂或阻垢剂，以减少硫化铁的生成

第三节 天然气脱水工艺与设施

天然气中的水通常为饱和水，一般认为这些水分只有在以液态水的形式存在时才是有害的，因为液态水的存在将导致冰及水合物的形成、设备腐蚀与开裂及影响管道输送效率等诸多操作问题。本节介绍溶剂吸收法、固体吸附剂法和直接冷却法。另外，汞会存在于许多天然气流中，不同矿场的汞含量可能不同。低含量的汞就会对健康有害，并会损坏铝制换热器，使相关设备遭受汞的腐蚀等。国外天然气处理中，脱汞装置一般是集成到分子筛单元中，本节也就其除汞方法及工艺配置进行了介绍。

一、溶剂吸收脱水

在不同的天然气脱水工艺中，溶剂吸收法是最常用的技术，该方法是将天然气流中的水蒸气用液体溶剂流来吸收。尽管许多液体具有从气体中吸收水分的能力，但最适合用于商业化脱水目的的液体应当具有高吸收效率、易于经济再生、无腐蚀性、无毒性、无操作不便的问题（如在高浓度下使用时黏度高）、对天然气中烃类的吸收量小且不受酸性气体的潜在污染等。

甘醇因具有近似于满足商业应用标准的性质而成为最广泛使用的一种吸收剂，对于乙二醇，其蒸气压高，通常被用作为水合物抑制剂，可以在低于环境温度的条件下从天然气中分离回收；对于二甘醇，其高的蒸气压导致吸收、接触过程中会产生高的损耗，由于低分解温度要求的再浓缩温度低（157~171℃），所以对于大多数应用来说甘醇纯度并不够高；对于三甘醇（TEG），在低于48.9℃的温度下工作时，蒸气压相对较低，三甘醇可以在204.4℃的温度下再浓缩而得到相对更高的纯度；对于四乙二醇，其比三甘醇昂贵，但在高的气体接触温度下甘醇损失相对少，再浓缩温度在204~221℃。

三甘醇是天然气脱水中最常用的液体吸收剂，北美地区绝大多数脱水装置均采用三甘醇，如加拿大在2005年时运行的天然气三甘醇脱水装置就有近3900套，而美国则超过36000套。在三甘醇脱水单元的工艺设计中，考虑三甘醇入口温度和含水量对脱水单元性能具有重要影响，因此，必须考虑上游生产单元的运行。如对于气候炎热的地区，应使用冷却水将原料气尽可能冷却至最低温度，以确保进料气温度满足三甘醇脱水单元的入口最高温度。

一直以来，三甘醇脱水工艺技术在不断地得到发展与进步，如为适应轻烃回收与液化甲烷（LNG）生产过程中深度脱水的要求，强化再生过程以获得高纯度三甘醇的技术开发取得重大进展，如采用DRIZO^{TM}深度脱水工艺可使干气的水露点降至 −95℃以下，水的质量分数仅为 1×10^{-6}；为适应长输管道和海上气田天然气在高于其临界凝析压力下输送以避免产生凝液的要求，奥地利国家石油公司（OMV）曾在澳大利亚海上采气平台上建设了1套在17MPa下操作的三甘醇脱水橇装装置，处理规模为 $225 \times 10^{4} m^{3}/d$ 的高压天然气三甘醇脱水装置。该装置的全部设备安装在3个橇板上，即原料气过滤分离橇、三甘醇脱水塔橇和三甘醇再生橇。

1. 传统的三甘醇脱水工艺

如图 5-20 所示为典型三甘醇脱水系统的流程示意图，可以看出，湿天然气在系统入口的过滤分离器中去除液态烃和游离水，之后，分离器中的气体被送入吸收塔的底部腔室，进一步去除其中残留的液体。这些烃类液体若得不到有效清除，便会导致处理设备污染、产生碳排放，之后，分离器中的气体在填料塔中与三甘醇逆向流接触。

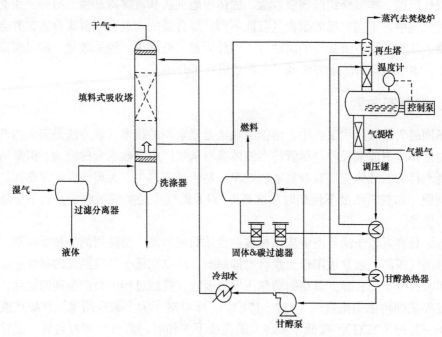

图 5-20　传统典型三甘醇脱水系统流程示意图

由于低的液气比率，塔板上的液体装载量往往非常低，为避免液体分布不均，一般使用规整填料或泡罩塔板。三甘醇对水分的吸收程度取决于贫甘醇的浓度和流量，三甘醇不会吸收重质烃类，但是，其会去除 20％ 以上的苯系物（如苯、甲苯、乙苯和二甲苯）成分，这些苯系物作为可挥发的有机化合物，必须经过焚烧才能符合排放要求。

从吸收塔出来的干天然气通过除雾器，有时通过过滤器聚结器，目的是尽量减少三甘醇的损失。由于三甘醇流量相对较低，热交换不明显，因此干气温度与原料气温度基本相同。富甘醇用于冷却顶部的三甘醇再生塔，最大限度地减少塔顶气对甘醇的夹带和损失，富甘醇由甘醇换热器进一步加热，然后闪蒸到闪蒸罐，闪蒸气则可作为燃料气进行回收。富三甘醇经过固体和碳过滤器过滤、加热后送入再生塔，过滤系统可以防止管垢堵塞塔、防止烃结焦及对重沸器污染。甘醇中的水分用重沸器除去，这种重沸器往往通过一个燃烧加热器或电加热器来加热。当然，电加热器是首选，特别是在规模较小的脱水系统中，因为这样可以避免碳排放的问题。水蒸气和解吸天然气从再生塔顶排出。之后，利用富甘醇交叉换热来冷却干甘醇，干甘醇在气体或甘醇换热器中被分离、冷却并返回到吸收塔顶部。甘醇再生装置在国外通常被设计为橇装式结构，通过预制并运送至矿场，如图 5-21 所示为模块化三甘醇脱水单元的三维呈现。

2. 改进的三甘醇脱水工艺

为了防止三甘醇热分解，常压下重沸器温度不应超过204℃，对应的三甘醇贫液最高质量分数仅有98.6%。一些改进的再生技术可以产生更高浓度的甘醇，相比于传统的三甘醇脱水工艺，这些改进的再生技术进一步降低处理气的水露点。在国外的工业装置上，强化提高三甘醇贫液质量分数的措施按原理划分大致包括惰气气提、局部冷凝、减压蒸馏和共沸蒸馏等几类。例如，通过向甘醇重沸器底部注入干气或气提气进一步降低水的分压，并在重沸器中对甘醇进行搅拌，可使三甘醇质量浓度从99.1%增加到99.6%。一般地，位于重沸器段下方的填料塔用于三甘醇气提。一些无需使用气提气的溶剂气提工艺也可用于提

图 5-21　三甘醇脱水单元的三维呈现

高甘醇纯度，如基于"冷指"工艺的局部冷凝方法，利用冷凝器从重沸器气相中冷凝、收集水、烃类，并将它们从重沸器中除去，从而应用于甘醇再生系统，获取更高的甘醇纯度，这种"冷指"工艺可使三甘醇的质量浓度达到99.96%。另外，基于真空工艺的局部冷凝方法，其利用真空压力降低贫甘醇中水的分压。惰气气提、局部冷凝及减压蒸馏3种强化再生工艺流程如图5-22所示。

DRIZO™工艺深度脱水装置最早在匈牙利Szeged油田建成投产，用于膨胀机法凝液回收的原料气脱水，深度脱水后的原料气能适应脱甲烷塔顶-108℃、表压1.6MPa的低温。与传统气提工艺相比，基于共沸蒸馏的DRIZO™工艺可将三甘醇再生到更高的纯度，溶剂气提可以产生比气体气提更高的甘醇纯度，从而使该过程获得更大程度的水露点降低，水露点降到-100℃及以下。DRIZO™工艺需要的溶剂通常是从天然气本身的C_{6+}（苯系物）中获得的，在大多数情况下，DRIZO™工艺会产生一些液态烃。DRIZO™工艺的主要优点在于所有苯系物在排入大气之前都从再生塔中回收，不需要外部气提气。DRIZO™技术可适用于对已有脱水单元的升级，以满足对甘醇更高纯度的需求，或更好地控制苯系物的排放。

DRIZO™工艺是在早期工艺基础上，DOW公司于20世纪70年代开发新型共沸剂并申请了专利，20世纪90年代初，美国OPC工程公司又在此基础上作了若干改进，使再生后贫三甘醇质量分数达到99.995%以上，露点降可超过80℃。

如图5-23所示为DRIZO™系统的典型流程示意图，表5-9和表5-10分别为DRIZO™工艺装置的主要设计参数及国外已建成的部分工业装置情况，与传统三甘醇气提单元的主要区别在于其再生塔顶的分离工艺能将油从水相中分离出来，而夹带着甘醇的水相则回流到再生塔，烃类被去除、加热、过滤，并用作三甘醇再生的气提气。通过调节气提气的循环量和再生温度，可以控制贫甘醇的纯度。

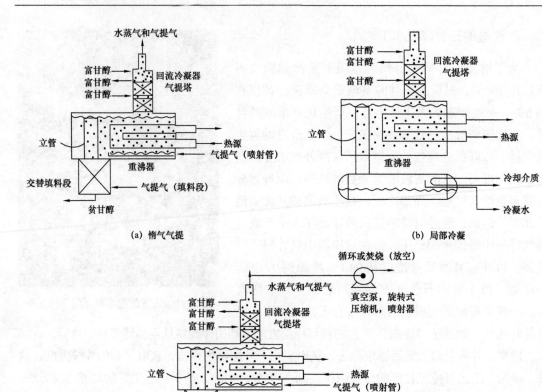

(a) 惰气气提

(b) 局部冷凝

(c) 减压蒸馏

图 5-22　强化再生工艺流程

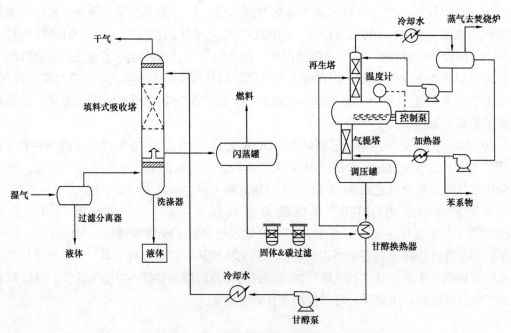

图 5-23　DRIZO™ 脱水系统典型流程示意图

表 5-9 DRIZO™ 工艺装置的主要设计参数

参数类别	参数值	参数类别	参数值
处理量, m³/d	5.6×10^6	脱水塔公称直径, m	1.8
脱水塔表压, MPa	6.9	脱水塔切线高度, m	10.8
原料气温度, ℃	30	规整填料高度, m	4.5
干气露点温度, ℃	-50	填料, m	1.09
露点降, ℃	80	理论塔板数	4.06
贫三甘醇质量分数, %	99.96	填料容积, m³	12.0
脱水效率, %	99.68	醇水比, L/kg（H₂O）	25

表 5-10 DRIZO™ 工艺天然气脱水工业装置示例

应用情况		英国	尼日利亚	叙利亚	挪威	哈萨克斯坦
处理规模, 10⁶m³/d		11.3	5.6	7.5	6.0	3×30 1×3.7
原料气条件	温度, ℃	4.0	38.0	39.0	25.0	35.0
	压力, MPa	9.0	7.3	5.4	3.6	6.8
干气条件	水露点, ℃	-80	-27	-50	-70	-65
	水体积分数, 10⁻⁶	<1	20	3.6	0.7	1.0
三甘醇循环量, m³/h		5.2	16.0	11.4	9.0	63.0（每台）
重沸器热负荷, kW		290	3×160	1220	2×480	4550
备注		采用热导油加热系统	建于海上平台, 3台脱水塔公用1台再生塔, 采用电加热重沸器	采用燃料气加热重沸器	建于海上平台, 采用电加热重沸器	4台高压脱水塔, 1台低压脱水塔, 2台蒸汽加热重沸器

表 5-11 对比了上述这些三甘醇强化再生工艺的性能。

表 5-11 三甘醇强化再生工艺性能对比

再生工艺方法	三甘醇纯度, %（质量分数）	露点降, ℃	水露点, ℃
惰气气提	99.2~99.98	55~83	-100~-73
局部冷凝	99.96	55~83	-100~-73
减压蒸馏	99.2~99.9	55~83	-100~-73
DRIZO™ 工艺	≥99.99	100~122	-140~-118

3. 乙二醇注入工艺

利用乙二醇注入工艺（包括丙烷制冷）可以冷却湿气，以满足管道水和烃露点的技术指标要求。乙二醇注入工艺由于其简便性而被大多数管道运营商所青睐，如图5-24所示为乙二醇注入式脱水系统的工艺流程示意图。

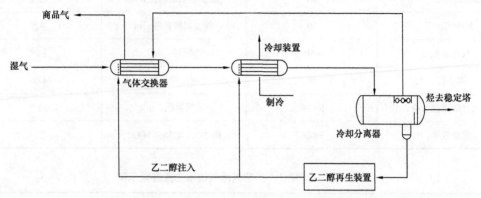

图5-24　乙二醇注入式脱水系统典型流程示意图

与三甘醇脱水单元或固定床脱水系统相比，乙二醇注入式脱水系统的成本较低，乙二醇注入装置的最低工作温度可被控制在 –34.4℃，低于此温度，乙二醇的黏度升高而不利于良好的相分离；高于此温度，则可考虑注入甲醇或应用其他的脱水技术。乙二醇在气相中的溶解度有限，因此必须将其分配到每根换热管中，以确保每管中有足够的量以防止水合物的形成。另外喷雾系统是乙二醇注入式换热器设计的关键，这是因为，乙二醇喷雾在不能完全覆盖所有换热管时，将导致水合物的形成并堵塞换热管管路，若注入系统形成的雾不充分，会导致乙二醇分布不均匀，同时，还要防止喷嘴堵塞。

为使喷雾均匀，一个设计优良的乙二醇注入式脱水系统应为乙二醇再生单元提供足够的乙二醇输送压力，乙二醇流量与通过喷嘴的压差直接相关。因此，必须提供流量和压差指示以监测乙二醇喷雾性能。如果流量减少，可能意味着喷嘴发生了堵塞。当然，喷嘴上游设置过滤器可有效避免喷头堵塞。

对于乙二醇注入式换热器的设计，气体换热器换热管侧面入口喷嘴通常设计有锥形入口通道，该通道具有特定的角度，并在轴向位置固定。与传统的径向喷嘴相比，锥形入口通道提供更好的气体分布。此外，锥形入口通道有助于保持均匀的气体速度剖面，从而使乙二醇喷雾模式不受影响，乙二醇得以均匀分布。乙二醇喷雾系统的设计是为了在喷嘴处有足够的压降，以使注入的乙二醇雾化良好，甚至覆盖换热管。当乙二醇被喷到换热管管壁上并且被冷却时，乙二醇溶液黏度增加。随着烃类开始冷凝，三相混合物的流型发生变化，从而影响传热、压降和乳液形成倾向。关于换热器的设计，国外油田实践中更多的是基于经验数据，当然在具体设计中还综合考虑一些因素，包括乙二醇对换热器压降的影响、乙二醇的存在对传热性能的降低、换热器管内流型的连续变化、最大允许管长与管直径的关系、防止乳状液形成的最大允许速度、维持环状流型中乙二醇的最小允许速度等。

4. 三甘醇脱水单元设计注意事项

设计三甘醇吸收塔和再生塔时应注意的一些关键性设计参数有甘醇循环量和甘醇纯度。对于甘醇循环量，三甘醇脱水系统中需去除的水量由气体流量、来气含水量和出气所要求含水量计算得出。假设入口气体为饱和水，则水的去除量可依式（5-13）确定：

$$W_r = \frac{Q_G(W_i - W_o)}{24} \qquad (5-13)$$

式中　W_r——去除的水量，kg/h；

　　　W_i——入口气含水量，kg/m^3；

　　　W_o——出口气含水量，kg/m^3；

　　　Q_G——气体流量，m^3。

甘醇循环量根据要去除的水量来确定，通常是每千克水中含有 17～50L 的甘醇，这取决于吸收塔中平衡级数。对于具有 3 个以上平衡级的吸收塔（属于典型吸收塔设计），每千克水中有 25L 的甘醇就足够。较高的循环量在增加重沸器加热负荷和泵送要求的同时，几乎没有额外的脱水益处。重沸器所需的热量与甘醇循环量成正比，因此，循环量的增加可能会降低重沸器温度，降低贫甘醇浓度，并减少甘醇去除的水量。最小的甘醇循环量可通过式（5-14）计算：

$$Q_{TEG.min} = G \cdot W_r \qquad (5-14)$$

式中　$Q_{TEG.min}$——最小三甘醇循环量，L/h；

　　　G——甘醇与水的比率。

对于甘醇纯度，三甘醇纯度可由再生塔中的重沸器温度和压力来控制。如有必要，使用气提气可除去贫甘醇中的残余水，以生成更贫的甘醇。再生塔中重沸器温度与甘醇纯度的关系如图 5-25 所示。三甘醇再生塔的重沸器温度通常限制在 204℃，以使甘醇降解程度最小。因此，该温度将贫甘醇浓度限制在 98.5%～98.9%。在国外油田矿场实践中，有时将重沸器温度限制在 188～200℃，如果需要更高的纯度以满足严格的管道露点技术范要求，则可能需要气提气。

气提气对甘醇纯度的影响如图 5-26 所示，可以看出，当平衡级数大于 3 时，增加气提气可使甘醇纯度提高到 99.95%。虽然气提气可用于保证产品气的含水指标，但只有在三甘醇脱水单元不能满足技术规范时才可使用。同时，使用气提气会产生另一种废气流。三甘醇顶部蒸气被认为是排放源，废气通常被送至焚烧炉，或回收至脱水单元的前端。

5. 三甘醇脱水单元操作

（1）吸收塔。

吸收塔操作中涉及原料气温度高、泡沫及原料气中含有苯系物的问题。通过各种有效措施降低三甘醇脱水单元的苯、甲苯、乙苯、二甲苯（BTEX）及各种温室气体的排放量成为天然气三甘醇脱水技术进一步发展的关键。

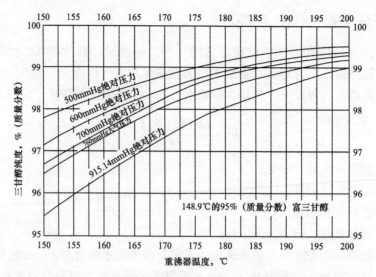

图 5-25 不同真空度下甘醇纯度与重沸器温度的关系

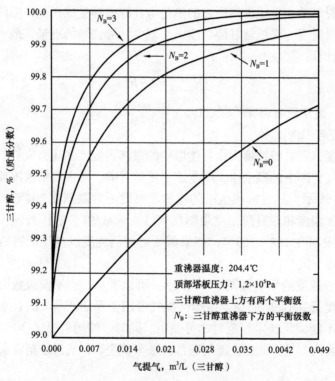

图 5-26 气提气对三甘醇浓度的影响

原料气温度高于设计值有两个负面影响，首先，原料气在较高的温度下会含有更多的水；其次，吸收塔的运行温度较高，不利于甘醇与水的平衡，降低了甘醇的脱水能力。为了最小化三甘醇脱水单元的含水量，特别是在炎热的气候地区，原料气应首先用冷冻水系统冷却，将原料气冷却到大约 20℃，大部分水分便被冷凝并能被除去。再者，吸收塔中的三甘醇泡沫会导致下游操作的中断，这主要是由于污浊的甘醇和污染物，如烃类冷凝液、增产增注用化学品、盐类和成垢等，为了最小化此问题，甘醇必须通过过滤保持清洁。通过机械（固体）过滤器和碳过滤器可以将循环流中的污染物过滤去除10%，此过程中还应监测过滤器的压降，根据需要更换过滤器，同时应监测原料气入口分离器，以避免污染物进入甘醇系统。另外，苯系物溶于三甘醇，吸收的气体从甘醇再生塔释放到大气中带来环境问题，为了避免苯系物的排放，甘醇脱水单元须将塔顶废气送入焚烧炉，以破坏苯系化合物。在吸收塔中采用更多的平衡级能够降低甘醇的循环，减少苯系物的吸收。或者，吸收的苯系物可以作为液体副产品采用前述的DRIZO™脱水系统回收。

（2）再生塔。

再生塔操作中涉及的主要问题是甘醇的高损失，这主要是夹带和高的塔顶温度造成的，塔顶气中平衡甘醇在较高温度下显著增加，特别是在高于120℃时。然而，低的塔顶温度也可能是一个问题，塔顶温度较低，特别是在冬季运行期间，可能导致过量的水分凝结，并可能导致塔柱水淹。所以，在矿场应用中，必须监测甘醇系统中水的平衡，并及时清除塔顶的多余水。再生塔的设计和加热负荷必须与甘醇流量相匹配，如果甘醇循环超过再生负荷，将不利于脱水过程。没有规定加热负荷的过度循环将降低再生塔温度，使其无法产生脱水所需的甘醇纯度。

（3）重沸器。

甘醇重沸器在操作中涉及的主要问题有盐水溶液的携带、甘醇的降解及酸性气体的存在，矿场操作产生的污染物可导致甘醇重沸器系统中发生盐积聚，钠盐是这一问题的根源。在重沸器温度为175～205℃时，盐会从溶液中沉淀出来，而且会沉积在重沸器管上，降低换热器的性能并可能引起腐蚀。需要通过去除一些甘醇中盐的含量以使甘醇重沸器系统中的盐含量保持在不超过1%。甘醇的降解则主要由氧化或热降解引起，甘醇容易氧化形成腐蚀性酸。用燃料气或惰性气体覆盖可以消除氧化问题，适当的过滤可以减少热降解，并且对维护设备有益。另外，H_2S和CO_2被甘醇吸收到一定程度，可能导致重沸器和再生塔塔顶系统腐蚀。所以，通常重沸器和塔顶系统应由不锈钢或其他适当材料制成，以抵抗酸性气体腐蚀。

甘醇脱水因具有相对较低的成本，在国外油气田矿场仍然是天然气加工行业的主力军，一直以来，大部分的工作也都是在甘醇—苯系物的平衡与设计上，以生产出满足深水露点要求的高纯度甘醇。在这一点上，未来的发展方向是可以预制的标准化和模块化设计，同时满足页岩气田开发的需要。

6. 三甘醇脱水工艺配套设施

（1）规整填料。

早期的三甘醇脱水塔通常使用4～10块塔盘的逆流接触泡罩塔，到后来，规整填料塔应用日益广泛。如匈牙利Szeged油田经改进的DRIZO™工艺装置脱水塔，采用规整填料的比表面积为300m²/m³，在设计流量下其填料略小于1m，低于设计流量时其值更高。在理论塔板数要求小于1的情况下，也有使用静态混合器的案例。与泡罩塔相比，规整填料塔的主要优点包括：极高的塔盘效率，每米填料的理论塔板数超过 0.9；同样的操作工况下，具有更低的塔高度与阻力降；能适应更高的气速，规整填料塔气速约为泡罩塔气速的2 倍；脱水塔操作弹性上限约 125%，但下限可降到极低。

（2）电动齿轮泵。

三甘醇脱水装置的循环泵常用柱塞式计量泵，但其出口压力波动较大，出口处宜设置缓冲罐，且噪声较大，使用寿命及维护周期均较短。轴封为填料密封时，经常出现泄漏问题。柱塞式计量泵的流量调节也较困难，往往需要在电机上加装变频器以调节转速。新一代三甘醇循环泵，如美国 Rotor-Tech 公司生产的电动齿轮泵，其特点是适应压力范围宽、流量稳定、振动小、无需脉动缓冲器，且结构紧凑、质量轻，尤其适用于海上作业平台。

（3）能量转换泵。

以能量转换泵替代常规的柱塞泵或齿轮泵作为三甘醇贫液循环泵，可有效回收高压富液的能量。目前主要有美国 Rotor-Tech 公司、Hydra-Lectrik 公司和 Ameritech 公司 3 家公司生产甘醇型溶剂专用的能量交换泵，且已广泛应用于三甘醇脱水装置，节能效果比较显著。

（4）全焊式板式换热器。

全焊式板式换热器的换热片，由特种不锈钢以特制模具压制而成，换热片表面光滑，不易结垢，其特殊的波纹设计可使流体在低流速下产生涡流而提高传热效率，特别适合循环量相对较低的三甘醇脱水装置。此类换热器通常可适应最高温度 300℃、最高表压3.2MPa 的极端工况。与传统的管壳式换热器相比，三甘醇贫富液换热器采用全焊式板式换热器具有对数平均温差大、使用寿命长、占地面积小、重量轻、维修费用低等一系列优点，解决了一般的板式换热器存在的耐压问题，已成功地应用于三甘醇脱水工艺。

二、固体床脱水

利用固体干燥剂的表面力使气体中某些组分的分子被其内孔表面吸着的过程称为吸附。固体床脱水就是使用固体吸附剂去除天然气中的水蒸气，以满足其水露点低于 -40℃，当水分被吸附到吸附剂表面时，吸附剂材料变饱和。因此，一种良好的吸附剂应当尽可能具有可供于吸附的最大表面积。按表面力的不同本质，固体吸附剂的表面吸附过程可分为物理吸附和化学吸附两种类型。在物理吸附中，被吸附物质和固相之间的结合将冷凝水蒸气容纳；而在化学吸附中，涉及一种称为"化学吸附效应"的化学反应，在吸附剂表面和被吸附物质分子之间形成一种强的化学键。化学吸附工艺在国外油田天然气脱水处理中的应用非常有限。这里只介绍物理吸附，所有提及的吸附也均指物理吸附。

物理吸附是一个平衡过程，在给定的气相浓度（分压）和温度下，吸附剂表面存在一个平衡浓度，即被吸附物质在表面的最大浓度。在某单一（固定）温度、某分压范围内，测量所吸附的气态化合物的量，便可建立吸附等温线，根据吸附剂和被吸附物质的类型，以及被吸附物质与吸附剂表面的分子间相互作用，所建立吸附等温线的形态不尽相同。除了浓度（也就是气体的分压）外，被吸附物质的极性和大小也决定着其在吸附剂表面的浓度。

1. 吸附容量

吸附容量（或负荷）是指单位质量（或体积）吸附剂所能吸附的被吸附物质的量。吸附容量对基建投资非常重要，因为它不但决定着所需吸附剂的量，也决定着吸附塔的设计规模。固体吸附剂对水的吸附容量表达为每单位质量吸附剂所吸附的水分的质量。关于水的吸附容量，有三种描述，一种是静态平衡容量，即在固定温度和100%的相对湿度下，在一平衡池中测定新鲜固体吸附剂的水容量（通常以质量百分数表示）；另一种是动态平衡容量，即当被吸附介质在设计流量、温度和压力下流过吸附剂时，固体吸附剂的水容量；还有一种是有用容量，由于整个吸附剂床并不能完全地被充分利用，因此这种容量是固体吸附剂容量随时间损失的设计容量。

静态吸附容量大于动态吸附容量，动平衡荷载一般为静平衡荷载的50%～70%。静态吸附容量是吸附剂的最大理论容量，可用于不同吸附剂的比较；而动态吸附容量用于计算所需的吸附剂填充量。吸附剂的动态吸湿容量取决于许多因素，如入口气体的相对湿度、气体流量、吸附区的温度、吸附剂的网眼尺寸、服役时长和吸附剂降解程度等，尤其是吸附剂的类型。压力可能影响上述所列的其他一些变量，但吸湿容量并不受压力改变的实质性影响。

2. 吸附剂选择

市场上有各种固体吸附剂可用于特定的用途，有些只适合天然气和天然气凝液的脱水，而另一些则可以同时进行脱水、脱硫或烃露点的控制。选择合适的吸附剂也是一个复杂的问题，用于天然气脱水的固体吸附剂应具有以下特性：

（1）高吸附容量。高的吸附容量有利于减少吸附剂用量，对容器规模的需求较小，从而降低投资和操作成本。

（2）高选择性。高的选择性将允许只去除不需要的组分，并降低操作成本。

（3）易于再生。低的再生温度有益于降低固体吸附剂再生的加热要求。

（4）低压降设计。低的压降设计将使得在天然气凝液回收过程中，涡轮膨胀机具有的操作压力更大。

（5）良好的机械完整性。高的抗压强度、低的磨损、少量的粉尘形成和高的抗老化稳定性，有益于减小生产中吸附剂更换的频率，以及停机相关的损失。

（6）环境友好特性。材料应无腐蚀性、无毒性，并具有化学惰性，以便安全处置。

（7）合理的吸附剂价格。

具有以上优越特性的、固体床脱水器中常用的商用吸附剂为分子筛、硅胶和活性氧化铝。

（1）分子筛。

分子筛或沸石是具有典型 $M_{x/n}[(AlO_2)_x(SiO_2)_y]zH_2O$ 结构的结晶碱金属硅铝酸盐，其中 n 是阳离子的价态，M 是硅铝酸盐笼内的金属离子。分子筛是由二氧化硅和氧化铝构成的三维四面体结构，氧化铝四面体带有一个净的负电荷，需要由一个阳离子如钠离子来平衡。如图 5-27 所示，四面体筑成一个截短的八面体，这些八面体要么堆积成立方结构以获得 A 型分子筛，要么堆积成四面体结构以获得 X 型分子筛。

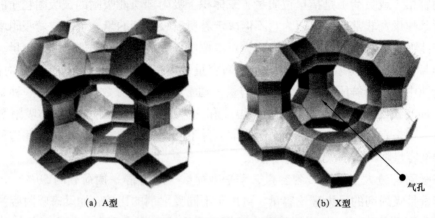

(a) A型 　　　　　　　　　　　　　(b) X型

气孔

图 5-27　A 型和 X 型分子筛结构

在分子筛结构中，阳离子决定着气孔尺寸，根据阳离子的类型，可以生成具有特定开孔的分子筛，见表 5-12。为了有效地吸附，极性分子必须足够小，以便通过其孔进入空腔。因此，水分子（标称尺寸为 2.6Å）可以吸附在 3A、4A、5A 和 13X 分子筛上。

表 5-12　最常见的分子筛类型

分子筛类型	阳离子	标称孔径，Å	实测孔径，Å
A	K^+	3	3.3
	Na^+	4	3.9
	Ca^{2+}	5	4.3
X	Na^+	10	7.4~12.5

因为分子筛可以根据不同的用途，按特定的孔径制造，所以它是用途最为广泛的吸附剂。分子筛是天然气脱水至低温处理标准（低于 0.1mg/L 水或 -100℃露点）的唯一选择。作为一个独立装置或天然气组合式处理工艺中的精细处理单元，分子筛也可以将二氧化碳和硫化物（硫化氢、硫醇、羰基硫）去除，并且将天然气和天然气凝液中其他的硫化物（除二硫化碳，由于碳和硫具有相同的电负性，二硫化碳不能极化，因此不能被分子筛吸附）降至非常低的出口指标。分子筛装置脱硫的适用性是基于净化天然气所需满足的出口指标。分子筛类型的选择取决于原料气中污染物的类型和浓度，根据原料气的类型和要去除的杂质，可根据如图 5-28 所示的一般准则来选择不同等级的吸附剂。

不同分子筛孔径的吸附特性可以概括为：

① 4A 型是用于脱水最常见的分子筛，但更小孔径的 3A 型有时比标准 4A 型更适合用于减少 CO_2 和 H_2S 的共吸附。如果同时存在 O_2 和 H_2S，则 3A 型会减少能够堵塞吸附剂孔的单质硫生成。

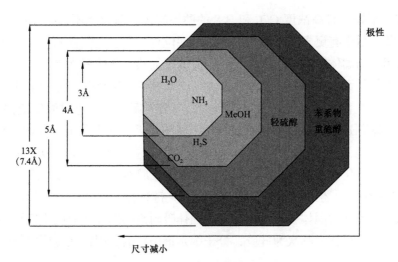

图 5-28　分子筛选择图版

② 5A 型和 13X 型分子筛通常用于脱硫（5A 型用于轻硫，13X 型用于重硫和支链硫）。13X 型比 5A 型具有更大的气孔，因此较 5A 型具有更好的动力学性能。然而，苯、甲苯和二甲苯组分的共吸附可堵塞气孔并使分子筛失活，阻碍重硫醇的去除。

国外油田实践表明，有时最好使用具有连续分子筛层的复合床来吸附不同的杂质，因为这种组合可增加床层的有效容量，适合于同时去除水、硫化氢、硫醇和其他类型的硫。当原料气中含有 CO_2 时，分子筛可能会促进 H_2S 和 CO_2 的水解反应生成羰基硫化合物（COS），羰基硫化合物（COS）在水的存在下会转化为 H_2S，引起腐蚀和排放问题。目前，分子筛制造商已经基于 3A 型开发出了考虑将 COS 反应降低到最小化的特殊类产品。

（2）硅胶。

硅胶是向硫酸中加入水溶性硅酸钠制成的凝胶的总称，它是一种类似氧化铝的非晶态产物。市场上有不同等级的硅胶可用于天然气干燥，硅胶可用于重烃和水的去除以满足 -40℃的水露点或使用特殊等级的硅胶以使水露点降到更低。

硅胶可用于处理含硫天然气，原料气中硫化氢含量应保持在 5%以下，虽然硅胶与 H_2S 不会反应，但硫可以沉积、堵塞分子筛表面的气孔。一般级别的硅胶在暴露于液态水中时会破裂，市场上有一些特殊级别的硅胶具有液态水稳定性，如美国安格化学制品公司（现被德国巴斯夫化学公司收购）生产一种称作 Sorbead™ 的改进硅胶，它在去除重烃和水的性能方面比普通硅胶要高。硅胶通常用于原料气预处理装置，用于去除重烃和水的微量组分，例如将原料气输送至膜分离装置，或将闪蒸气输送至燃料气系统。由于其吸附能力较低，不能满足低水露点的要求，因此不用于天然气凝液和液化天然气生产装置的原料气干燥。硅胶的吸附容量通常在几十分钟到 2～3h 的短时间内即耗尽，这便增加了吸附循环的次数并缩短了硅胶的寿命。

（3）活性氧化铝。

$Al_2O_3 \cdot 3H_2O$ 是一种水合形式的氧化铝，是最便宜的气体脱水吸附剂。氧化铝是碱性的，不适宜于干燥含有高浓度 CO_2 和 H_2S 的酸性气体。氧化铝不像分子筛那样具有精确的气孔，因此，由于有更多的分子可以进入活性位点，所以它没有那么具有选择性。有多种氧化铝可用作为固体吸附剂。活性氧化铝是通过加热活化的氧化铝的一种人工或天然形式，产物的结构是无定形的，而不是晶体型的。活性氧化铝比分子筛对水的吸附力小，因此需要更低的再生温度和更低的再生热负荷。与分子筛相似，进料温度应保持在 50℃ 以下，以避免吸附剂过载。活性氧化铝通常用于将湿贫天然气干燥至 -50℃ 的露点，活性氧化铝比分子筛具有更高的平衡水容量，它能吸附自身重量的 35%～40% 的水。在国外油田实践中，活性氧化铝通常用作分子筛的顶层以降低成本，并保护分子筛。

表 5-13 总结了上述三种固体吸附剂的一些关键特性，通过比较这些特性，根据实际情况便可以选择不同的固体吸附剂制造商。固体吸附剂的选择还取决于经济性，氧化铝的单位脱水容量成本最低，其次为硅胶，分子筛是最昂贵的，因此在应用中须根据其特殊的性质进行调整。

表 5-13　不同固体吸附剂性能比较

吸附剂	硅胶	活性氧化铝	分子筛
孔径，Å	10～90	15	3、4、5、10
水露点，℃	-50～-40	-68～-50	-185～-100
堆积密度，kg/m^3	720	704.8～768.9	690～750
热容，$J/(kg \cdot ℃)$	9.21×10^2	1.01×10^3	9.63×10^2
设计容量，%（质量分数）	4～20	11～15	8～16
再生温度，℃	150～260	177～260	218～288
吸附热，J/kg	—	—	4.19×10^6

3. 吸附工艺

（1）吸附原理。

流体和固体吸附剂之间在传质过程中存在的平衡关系可以用如图 5-29 所示的等温线形式来描述，吸附质水的浓度是水在液相中的浓度和吸附温度的函数。气体干燥到何种程度取决于再生条件，完全再生的床层将与再生的气体保持平衡。再生循环结束时留在床层上的水分的浓度决定着床层的性能。动态的吸附过程是本质上是一种非稳态操作。

在矿场实践中，吸附过程是在垂直的、固定的吸附床上进行，如图 5-30 所示，原料气向下流过床层，从顶部和上部进入床层的原料气首先达到饱和状态，在此状态下，气体中水的分压与吸附在吸附剂上的水之间建立了平衡，不会发生额外的吸附，这个区域称之为平衡区。随着吸附过程的进行，平衡区会逐渐扩大，吸附的水也会越来越多。从入口到出口，吸附质浓度降低的吸附床长度区间称为传质区，这只是床层的一个区域或部分，正是在这个区域，将其中某一组分从气流传质到固体吸附剂的表面。备用区是床层中尚未遇到水的部分，因为所有水分子都被吸附在了平衡区和传质区中，仅仅当平衡区和传质区失去吸附能力时，该区域才发挥干燥功能。随着气体的继续流动，传质区向下延伸，水置换先前吸附的气体，直到最后整个床层被水蒸气饱和。当传质区前缘到达床层末端时，会出现突破现象，如图 5-31 所示，此时，吸附塔应切换到再生模式。

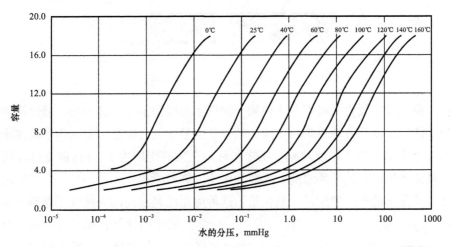

图 5-29　4A 分子筛典型的吸附等温线

（2）固体床设计注意事项。

固体吸附剂床层尺寸的优化是降低固体床脱水装置总成本的关键因素，对于给定的性能，较短的床层意味着较小的容器和较低的设备要求。然而，吸附剂的要求必须足以容纳平衡区和传质区的长度。通常假设传质区在吸附床中能快速形成，并且在床中移动时具有恒定的长度，除非是颗粒大小或形状发生变化。传质区的长度主要是进料流量的函数，但也受进料组分和温度，吸附剂类型、堆积密度、粒径和形状的影响。传质区的长度通常为 0.15～1.80m，气体在该区域停留时间为 0.5～2s。为了充分利用床层的有效容量，传质区需要尽可能小，因为与平衡区相比，该区的水负荷较低。通常，最有效的吸附床将是一个高而薄的床，使用具有尽可能大表面积的最小粒径，从而改善吸附动力学性能，缩短传质区。当然，这种较高的床层效率必须由较高的压降来补偿。吸附床的总压降不应超过（5.5～6.9）×10^{4}Pa。所需的床长与床径比也应介于 2.5～6。

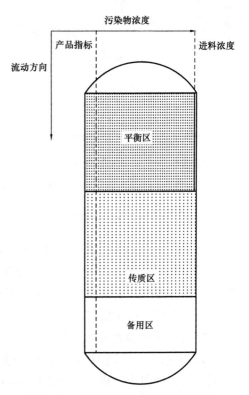

图 5-30　吸附塔内吸附区原理示意图

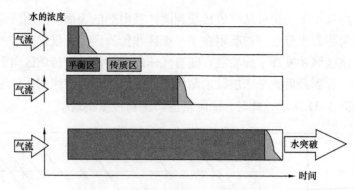

图 5-31 吸附区前缘随时间的变化特征

值得一提的是，复合式吸附剂床使用一种以上的吸附剂规格或类型，通过增加平衡容量或缩短平衡区，或两者兼具来增加床层的有效容量。复合床最常见的例子是在床的顶部使用大尺寸吸附剂（最大限度地减少压降和对床支架的作用力）、在床的底部使用小尺寸吸附剂，从而产生更长的循环时间、更短的床长。如前所提到，另一种复合式吸附剂床的应用是在分子筛床的顶部使用活性氧化铝，这种应用已经在商品天然气干燥器上使用有几

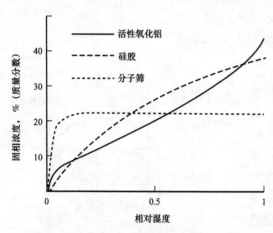

图 5-32 活性氧化铝、硅胶和分子筛的典型等温线

十年。使用活性氧化铝—分子筛复合床有许多好处，包括整体上降低吸附剂成本，以及提高从上游分离设施携带液体进入吸附床层的阻力。此外，当原料气接近于饱和时，活性氧化铝对水具有比分子筛更高的静态平衡容量和更低的吸附热，这便带来更高的有效容量和更低的再生加热需求，典型的等温线如图 5-32 所示。活性氧化铝较高的水容量能够确保通过降低水在活性氧化铝、不同类型分子筛复合床中突破的机会来满足硫醇的去除指标。

4. 固体床脱水器的操作

优化固体床脱水装置的性能需要对其操作有一个详细的理解，典型分子筛脱水装置工艺流程示意图如图 5-33 所示通常由四组固体吸附剂床组成，其中分别填充有分子筛和活性氧化铝，当然，干燥床的数量取决于原料气流量及运行模式。

（1）"3+1"操作模式。

"3+1"操作模式是指 3 个并联的干燥床、1 个再生床。3 个干燥床将实时去除原料气中的水蒸气，1 个再生床用于干气气流进行再生。例如在处理 $1.7 \times 10^7 m$ 原料气时，3 个并联干燥床中每个干燥床处理 $5.7 \times 10^6 m$ 的原料气。3 床并联操作的优点在于，由于再生次数较少，所以具有较低的压降和较长的分子筛寿命。设计固体床天然气脱水系统的流动

方向，使吸附、降压和再升压工序下向流流经床层，加热和冷却工序上向流。脱水器固体床被设置为在定时循环下运行，每一步的控制采用专门的可编程逻辑控制器来完成。

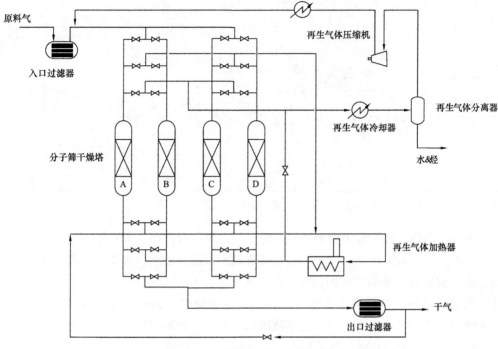

图 5-33　典型分子筛脱水装置工艺流程示意图

对于吸附工序，3 床并联运行中，吸附的大约循环时间为 18h，之后是 6h 的再生循环。再生包括 30min 降压步骤、3h 加热步骤、2h 冷却步骤和 30min 再升压步骤。循环时间通常由分子筛供应商设定，并可在机组启动期间进行调整，其典型操作次序见表 5-14。干气最后离开干燥床进入出口过滤器，这些过滤器发挥去除分子筛及任何其他固体颗粒的功能。

表 5-14　"3+1" 固体床脱水系统 24h 循环内的典型操作次序

时间	床 A	床 B	床 C	床 D
0：20	A	D	A	A
3：15	A	H	A	A
2：05	A	C	A	A
0：20	A	R	A	A
0：20	A	A	D	A
3：15	A	A	H	A
2：05	A	A	C	A
0：20	A	A	R	A

时间	床A	床B	床C	床D
0：20	A	A	A	D
3：15	A	A	A	H
2：05	A	A	A	C
0：20	A	A	A	R
0：20	D	A	A	A
3：15	H	A	A	A
2：05	C	A	A	A
0：20	R	A	A	A

注：A 表示吸附；C 表示冷却；R 表示再升压；H 表示加热；D 表示减压。

对于降压步骤，在 18h 吸附循环结束时，脱水器必须降压，为在低压下使用干气残余气的再生加热工序创设环境。四床层脱水系统的正常减压管路应设有限流孔，以有效控制降压速率。根据分子筛供应商的建议，降压速率不应超过 8.6kPa/s，以防止床层移动和流态化。气体将通过限流孔向下流动，以便吸附塔在规定的 20min 时间内降压。另外，在降压步骤中，再生气体在再生压缩机中被压缩，并通过旁通阀进入再生气体冷却器进行冷却，冷却后的气体流向再生气体分离器，并返回到残余气流。

对于加热步骤，脱水器减压后，开始加热步骤，残余气体由再生气压缩机持续压缩，并通过旁通阀流向再生气加热器。气体出口温度控制在 300～315℃。热气体上向流通过正在再生的脱水器，并将固体床加热到分子筛含水量降低到所需低位对应的温度。于是，水离开分子筛表面，被上向流流过床层的再生气体去除。从分子筛中解吸水所需的热量可高达 4.19×10^6J/kg。然后，湿再生气被送至再生气冷却器，将气体冷却至环境温度以形成两相流，其中液体是从脱水器中解吸出来的水分加上在干燥工序中凝聚的液态烃。之后，两相流在再生气分离器中得以分离，蒸汽返回到残余气体管路，在液位控制下，冷凝水和共吸附的液态烃从分离器中排出。

对于冷却步骤，加热步骤结束后，用冷压缩的再生气体冷却脱水器，将分子筛冷却至正常吸附温度，然后再重新加压并恢复正常使用。冷却气经脱水器上向流，然后进入再生气加热器，使燃烧的加热器可以连续运行。加热器必须连续运行，以将加热系统上的热应力降至最低，如果在冷却循环期间完全关闭加热炉，就会出现这种情况。在冷却循环开始时，从脱水器出口到燃烧加热器的气体温度约为 280℃。为了保持加热炉连续运行所需的最小负荷，将冷再生气分流，其中约 75% 的气体送入脱水器，25% 的气体绕流过脱水器，两股气流在进入再生气加热器之前在脱水器的下游汇合，加热器的温度在 300～315℃，在这些条件下，燃烧器主燃料阀大部分时间保持几乎关闭状态，燃烧器将在其较低工作点附近燃烧。

对于再升压步骤，冷却步骤结束后，必须对脱水器升压以使吸附塔恢复平衡。同样，四床层脱水系统的正常再升压管路均设有限流孔，以有效地将再升压速率限制在 8.6kPa/s 以下。

（2）"2+2" 操作模式。

天然气脱水工艺也可按 "2+2" 操作模式设计，在这种操作模式中，2 台脱水器进行吸附循环，另外 2 台脱水器在给定时间内进行再生循环。在再生循环中，1 台脱水器进行加热循环，另 1 台脱水器同时进行冷却循环。这使得再生气体连续循环，首先流向正在冷却的脱水器，然后流向加热器，最后流向另 1 台正在加热的脱水器，见表 5-15。串联再生降低了再生气体的消耗，并可充分利用正在冷却的脱水器的能量，操作可靠，但与 "3+1" 模式相比，唯一的缺点是这种操作模式的投资成本更高。

表 5-15　"2+2" 固体床脱水系统的典型操作次序

时间，h	床 A		床 B		床 C		床 D	
6	A		A		C	R	D	H
12	D	H	A		A		C	R
18	C	R	D	H	A		A	
24	A		C	R	D	H	A	

注：A 表示吸附；C 表示冷却；R 表示再升压；H 表示加热；D 表示减压。

（3）其他操作模式。

根据床的数量和脱水装置的操作条件，还有其他一些操作模式。如，可在 "2+1" 模式下运行，其中 2 台脱水器进行吸附循环，1 台脱水器进行再生和加热循环。对于规模较小的天然气脱水装置，也可以按 "1+1" 模式设计，1 台脱水器进行吸附循环，另 1 台进行再生和加热循环。对于规模较小的固体床脱水装置，使用电加热器进行分子筛再生可能更经济，也可将使传统燃烧加热器的排放量降至最低。

5. 天然气脱水装置设计注意事项

考虑到高压吸附床、再生加热器、循环压缩机和分离系统等单元共同使得固体床脱水装置的投资和运行成本较高，国外油田在矿场天然气脱水装置设计中，注意以下事项。

（1）原料气预处理。游离水会损坏分子筛，所以在固体床脱水装置的运行中，需提供一个有效的分离罐以去除任何夹带液体。另一方面，夹带的水滴通常可以增加 200%～300% 的水负荷。除气系统还必须有入口过滤器分离设备，以将固体和管垢去除。原料气中的水分可以通过压缩、冷却和分离来降低。天然气处理厂脱水装置的位置应尽可能设置在最高压力下，这将有助于显著降低气体饱和含水量。如果需要压缩天然气回收天然气凝液，则固体床脱水器应位于压缩机的下游。

（2）原料气冷却。脱水器的原料气通常来自酸气脱除装置，并被水所饱和。净化气温度由贫胺液冷却，贫胺液又由环境空气来冷却。在炎热的气候条件下，夏季的气温会很高，所以会影响原料气的温度。为了降低原料气中的含水量，可以用冷却水或冷冻水系统冷却进入脱水器的气体。将原料气温度降低至 -7℃，可使气体含水量降低 50%。把原料气冷却到可能的最低温度 20℃左右便是降低脱水装置成本的最佳途径。冷却总是有助于去除重烃和其他可能与原料气一起进入的污染物。原料气冷却器的制冷负荷可以由丙烷制冷提供，也可以由来自天然气凝液回收装置的冷残余气流制冷提供。

（3）压降。吸附塔的压降是一个重要的成本损失，在天然气凝液回收涡轮膨胀机装置中，需要为天然气凝液蒸馏塔提供高的入口压力。脱水器中的高压将会降低涡轮膨胀机的膨胀率，并抑制膨胀机的冷却，从而降低天然气凝液的回收效率。这就是"3+1"操作模式操作较为流行的原因。当 3 个床平行操作时，操作压降会更低，每个床的流量是总流量的三分之一，而不是 3 个床时的一半。压降可以降低到（2.1~3.4）×10^3Pa，各床层较低的流量和压降也能延长吸附剂的使用寿命。另外，分子筛的形状会对压降产生影响。串珠筛的压降通常低于颗粒筛，并且可以降低床层压降的 20%。然而，串珠筛的性能可能不如普通的颗粒筛那样可预测，标准颗粒筛由于其在传质、高比表面积、较短的扩散路径和传质区，以及与其他类型分子筛一致的物理强度等性能而更为常见。

（4）循环时间。随着分子筛再生周期的增加，分子筛劣化程度增加。由于原料气中重烃的热分解，每个再生循环都会沉积一些碳。通过操作吸附塔接近其水突破点来减少再生循环次数，将延长分子筛的使用寿命。应使用床层温度和湿度分析仪来改变操作使其在接近水突破点处运行。

（5）再生方法。固体吸附剂床再生有两种基本方法，分别是变温吸附和变压吸附，其中吸附平衡的变化分别是通过升高温度和降低压力而得到。变温吸附通常用于天然气干燥或从天然气流中除去 CO_2，以满足严格的产品指标；变压吸附通常用于一般用途的空气和工业气体的干燥，而不被用于需要严格规范的天然气厂。

（6）再生气体加热器。根据运行模式，燃烧式加热器可以进行循环操作。当加热器是关闭而后通过点燃燃烧器重新启动时，加热器可被认为是周期性的。因为当再生床处于冷却循环时，加热器关闭，所以 3 床并联装置正是以这种方式运行。而只要燃烧器一直开着，加热器承受的热应力就会显著降低，这正是"2+2"操作模式的情况，加热器始终保持在最小调节能力。循环式加热器需避免循环运行造成的热应力，通过对加热炉进行适当的循环操作，加热器可以设计为具有可靠性和耐用性而接近于连续服役。

（7）再生气体流向。再生加热和冷却的再生气体流向影响分子筛床的除水效率。对于"3+1"操作模式，加热和冷却均为上向流，因为它较加热上流和冷却下流能更好地实现整体再生。具体来说，上流式冷却能够确保对露点有良好的控制，并防止湿原料气通过有缺陷的切换阀泄漏到冷却气体中。对于"2+2"操作模式，由于串联运行不存在湿原料气可能泄漏到冷却气体中的情况，因此上流加热和下流冷却是典型的。然而，不同的制造商可能推荐不同的再生加热和冷却流向，以保持其分子筛的性能。

（8）绝缘。吸附塔外部、内部的绝缘通常是在填装吸附剂前，内部耐火材料需要精细化安装和固化，以节省能源，并能显著减少所需的加热和冷却时间。对于再生时间有限的系统来说，这是一项好处。但是，由于热应力的作用，内绝缘层很容易开裂，在再生循环过程中，内绝缘层可能会在裂缝中留存水分，从而在吸收循环过程中产生不合格产品。

（9）再生气体压缩机。整个压缩机的压力比取决于所需的再生压力，较低的压力可以改善再生，但也会增加再生压缩机的动能。相反，增加再生压力使再生更加困难，需要更长的时间和更高的温度，但压缩动能会降低。再生气压缩机也可以与上游只有一台再生压缩机的设施相组合。例如，凝析油稳定装置中的稳定塔塔顶或气提塔塔顶通常安装塔顶压缩机，该压缩机可用于将再生气体重新压缩回酸气脱除装置的入口。

三、冷却分离脱水

冷却分离脱水在工业上常用节流膨胀、加压冷却两种制冷工艺，它们通常与天然气凝液回收工艺过程相结合。节流膨胀适用于高压系统，即利用焦耳—汤姆逊效应制冷，如需进一步冷却，可再使用膨胀机制冷。加压冷却利用增压降温后天然气中饱和水含量会降低的特点，部分分离饱和水，此方法适用于低压系统。冷却分离设施经常是气田采气系统的一个组成部分，当气田原始压力下降至不能满足制冷要求，且增压或由外部供应冷源又不经济时，就应考虑其他类型的脱水方法。

四、其他脱水工艺

其他不常用的方法也可适用于一些脱水操作，但由于存在干气含水量要求、重烃在溶剂中的溶解度、工艺与设备的技术性能及投资成本尚有待完善等种种原因而未全面推广。

（1）氯化钙。氯化钙可用作干燥天然气的消耗性干燥剂，无水氯化钙与水结合形成各种氯化钙水合物。随着水分吸收的继续，氯化钙被相继转化为更高的水合状态，最终形成氯化钙盐水溶液。采用氯化钙脱水器能使出口水含量达到 $1.6 \times 10^{-5} kg/m^3$。在国外油田矿场，对于小进料量、偏远的干气井，氯化钙脱水器是一个替代甘醇脱水的装置，氯化钙必须定期更换。不过，盐水处理涉及环境问题。

（2）甲醇制冷。在国外 Empress 厂有一项 IFPEX-1® 专利工艺，其用甲醇作为水合物抑制剂进行天然气脱水，制冷至 −100℃，进行乙烷的回收。冷凝水和甲醇可在低温单元中析出，并能借助蒸馏而分离。甲醇制冷过程的难点在于高蒸气压导致的甲醇大量损失，所以该工艺必须与低温制冷协同工作，以尽量减少损失。与分子筛法相比，甲醇法操作更为复杂，目前在天然气回收工艺中很少使用。

（3）膜工艺。膜工艺也可用于去除水和烃而满足管道水和烃的露点要求。

（4）超音速。国外第一个商业化的天然气超音速脱水系统于 2003 年 12 月在马来西亚某气田海上平台上安装，该脱水系统包括 6 个超音速分离器，每个分离器的处理能力约为 $208 \times 10^4 m^3/d$。该气田富含 H_2S，CO_2 等非伴生气，压力降达 25%～30%，出口水露点达 10℃。

五、天然气脱水工艺的选择

如图 5-34 所示，天然气脱水工艺根据水露点要求来选择，工艺选择可以非常简单，如果脱水仅需满足 6.4×10^{-5}～$1.1 \times 10^{-4} kg/m^3$ 管道输送规范的话，前述任何工艺均可适用。典型的甘醇脱水工艺适用于满足管道气体规范，降低水露点至 −40℃，而且比分子筛技术更经济。而为满足天然气凝液回收或液化天然气生产的低水露点，则采用固体吸附剂脱水器进行深度脱水。膜工艺适用于空间有限的小型天然气厂和海上装置。

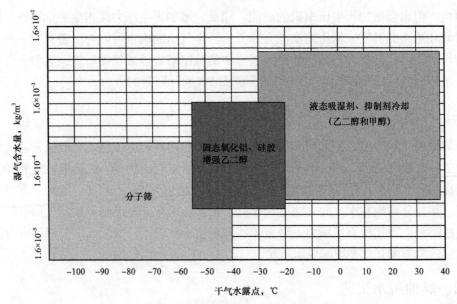

图5-34　天然气脱水工艺选择指南

如果需要控制烃露点，则可以使用抑制剂冷却。如进行带有丙烷冷却的甘醇注入或使用硅胶，也可以通过三甘醇脱水装置，然后用丙烷冷却来完成。对于硅胶脱水工艺应用，由于其周期短，更适合于膜分离器的预处理和燃料气的调节等精细处理，而不适用于天然气处理厂的原料气。

对于水露点低于–40℃，一直到–62℃时，强化三甘醇脱水工艺（如DRIZO™）是最佳的选择。三甘醇脱水装置的成本支出和运营支出均低于分子筛装置，特别是对于空间有限的海上平台安装。分子筛具有选择性，不吸附苯系物组分，避免了传统三甘醇脱水装置的排放问题。然而，甘醇深度脱水工艺的进步，例如DRIZO™系统，可以通过生产苯系物烃类液体来应对这一问题。分子筛的设计可以去除硫醇，以满足硫的指标要求。硫醇集中在再生气体中，可以使用物理溶剂法选择性地去除。之后，硫醇组分可继续在Claus硫黄回收装置中转化为硫黄，以消除硫黄的排放。

六、除汞

汞会存在于许多天然气流中，天然气中低含量的汞就会导致低温系统中钎焊铝制换热器的混合腐蚀，并可能造成环境和安全危害。国外天然气处理厂汞的去除程度一般保守地设计为低于$0.01\mu g/m^3$。目前除汞大多采用固定床法，除汞材料有非再生吸附剂和再生吸附剂两类。

1. 非再生汞吸附剂

在非再生脱汞过程中，汞与硫发生反应在吸附剂表面形成稳定的化合物。有多种不同的除汞吸附剂，对工作温度、液态烃和水有不同的耐受性。使用硫浸渍的活性炭是一种常见的除汞工艺，该工艺中，汞在炭床的微孔结构中牢固地附着在硫化合物上。但是，这种方法也有缺点，因为硫浸渍的活性炭由于其孔径小，只能与干气一起使用。任何水都会被优先吸附，这将限制汞进入硫的位置。硫也可以通过在烃类液体中升华和溶解而损失。这再次降低了汞床的寿命和汞的去除能力，含汞的碳床很难处理，具有危险性。

这些问题的出现启发了对一系列过渡金属氧化物和硫化物不可再生吸收剂的开发，这些吸附剂能够被安全地处置。在这些体系中，活性金属被结合在无机载体中，吸附剂通过非原位或原位硫化提供活性硫化物组分。最具代表性的 PURASPEC™ 材料是硫化铜/碳酸铜、硫化锌/碳酸锌和氧化铝的混合物，可在湿气环境中工作。尽管非再生方法似乎相对比较简单，不需要再生设备，但是，处理所用的吸附剂必须遵循安全程序，因为吸附剂将含有汞和其他有害物质，如苯、氰化物或其他污染物。

2. 再生汞吸附剂

再生除汞工艺利用分子筛上浸银对元素汞进行化学吸附，汞饱和床通常以 287.8℃ 的热再生气体再生，继而使汞出现在再生气体分离器的冷凝水中。该方法避免了汞在吸附剂上的积累，但没有消除汞的处理问题，再生气体中仍有微量汞。

3. 工艺选择注意事项

国外油田矿场实践表明，处理天然气厂原料气和产品流中的汞有四种可能的选择。

（1）在天然气厂的入口、胺装置的前端安装非再生除汞吸收剂。此选择可去除所有汞，并可确保处理厂其余部分不受汞污染，但大量的原料气可能需要庞大的汞床，投入高，不过这是一个安全、保守的方法来处理进料中的汞。

（2）在酸气脱除装置的下游、分子筛装置的前端安装不可再生的除汞吸附剂。这一方案可在一定程度上缩小汞床的尺寸，但在酸气脱除装置溶剂系统中存在汞污染的风险。

（3）在分子筛床中加入一段浸银的汞筛段。虽然该方案可以同时去除水、硫醇和汞，并避免需要单独的汞床，但它存在再生水中汞含量高的问题，除非通过另一除汞步骤进行处理，否则会对整个运行造成危害。

（4）在分子筛装置后安装不再生除汞床或镀银分子筛床。该选择允许使用低成本的碳床，因为原料气是干燥和清洁的。不过，此选择只有在原料气中汞含量较小的情况下才适用，如果存在大量汞，上游装置（包括酸气脱除装置）可能存在汞污染，会对健康和安全带来危害。

在选择除汞工艺系统时，必须评估其生命周期成本、吸附剂处理方法、汞含量、环境限制、操作危害和处理厂的操作程序等，最佳的除汞方法还可以是非再生和再生除汞系统的组合。

第六章
天然气凝液回收

天然气凝液由碳、氢组成，与天然气和原油属于同一族烃类，其主要组分包括乙烷、丙烷、丁烷、异丁烷及戊烷等。以美国为例，早在2000—2011年，其天然气、原油和天然气凝液的年产量变化就揭示出天然气凝液的份额呈一直上升趋势，天然气凝液回收有着重要的价值，在2010年时美国的天然气凝液产量就突破了200×10^4bbl/d，且以乙烷和丙烷的贡献为主，之后其产量也一直在持续增长。以欧佩克为例，由于其天然气凝液产量不受配额限制，所以天然气凝液的产量也很高，在2012年时就有7%以上的年增长率，达到了600×10^4bbl/d。如图6-1所示，天然气凝液回收作为天然气处理操作的第二个阶段，属于天然气加工，其包括对凝液的回收及对凝液的分馏，以获得适合销售的各类产品。天然气加工工艺一般都不在采气作业地点或其附近地区，但这并不会改变天然气加工分离系统的规划与基本需要。国外对于天然气凝液组分的回收，主要是在天然气处理厂的生产流程中进行。国内将天然气凝液的分离回收过程称为轻烃回收。本章主要介绍国外油田天然气凝液组分的分离与回收，同时介绍将其加工为适合销售的产品的分馏方法。

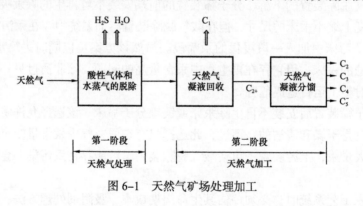

图6-1　天然气矿场处理加工

第一节　分离回收方法及工艺

从天然气中分离回收天然气凝液必须要发生相态的改变，换句话说，必须在形成一种新的相才能得以分离。本节着重介绍国外油气矿场加工中天然气凝液的几种分离回收方法，这些方法基本都要么是基于能量特性、要么是基于质量特性而使相态产生改变，从而，部分液化、某些特定组分的冷凝或完全冷凝将引起天然气凝液的分离。同时，本节也结合天然气凝液分离回收工艺，介绍操作参数对相态改变的影响及在天然气凝液分离回收中发挥的作用。

尽管国外越来越多天然气的钻探实现了天然气凝液的增储，如大量的乙烷、丙烷和丁烷组分，但根据美国能源信息署的分析，天然气凝液的这种增储和产量增长给工业基础设施也增加了不少压力。如表 6-1 所示，天然气凝液组分的化学组成是相似的，但其应用范围却有着很大的不同：

表 6-1　天然气凝液组分类别及应用

主要成分	分子式	应用领域	终端产品	应用行业
乙烷	C_2H_6	生产塑料；石油化工原料	塑料袋；塑料；防冻剂；洗涤剂	工业
丙烷	C_3H_8	住宅及商业供暖；家用燃料；石油化工原料	家庭供暖；家用燃气；液化石油气	工业；居民用；商业
丁烷	C_4H_{10}	石油化工原料；丙烷或汽油中添加	轮胎用合成橡胶；液化石油气；轻质燃料	工业；交通运输业
异丁烷	C_4H_{10}	炼油厂原料；石油化工原料	汽油烷基化物；气溶胶；制冷剂	工业
戊烷	C_5H_{12}	天然汽油；聚苯乙烯泡沫发泡剂	汽油；聚苯乙烯；溶剂	交通运输业
C_{5+}	戊烷及以上重组分混合物	车用燃料中添加；沥青、油砂开采	汽油；乙醇混合物；油砂生产	交通运输业

一、分离回收机理

如前所述，从天然气中分离回收天然气凝液的关键在于改变相态，在基于能量特性的分离回收中，蒸馏工艺是典型的代表，以简单的例子来说，为了实现分离，将酒精与水的混合物加热，酒精就集中在蒸汽相中，然后通过冷凝得以分离。这种分离情况可以描述为

$$液相混合物 + 加热升温 \rightarrow 液相 + 蒸汽相$$

对于天然气厂中天然气凝液的分离回收，则可通过制冷，使较重的组分凝结为液相，分离过程可以描述为

$$烃蒸汽混合物 + 制冷降温 \rightarrow 液相 + 蒸汽相$$

制冷可以是取得部分液化，也可以是取得全部液化。其中，部分液化主要针对特定组分的天然气凝液进行，而完全液化则针对所有天然气。

在基于质量特性的分离回收中，引入一种具有吸附（或吸收）性能的新的相，利用吸附或吸收机理来分离回收天然气凝液，如开发引入一种具有吸附性能的固体材料或液体与

天然气气流相接触。其中，固体材料吸附是通过固体材料夹带或吸附天然气组分以回收分离天然气凝液，天然气凝液组分被吸附于固体材料表面，并在高浓度下再生，从而提高凝结效率，通常大约 10%～15% 的天然气可被回收为凝液。固体材料吸附还可以与制冷技术相结合，以产生冷凝效果促进天然气凝液回收。液体吸收则被定义为凝结前的一种浓度控制过程，通过与天然气凝液相似的烃类溶剂（一般为相对分子质量在 100～180 的烃类）吸收乙烷及以上组分，且与制冷技术相结合实现天然气凝液的分离回收，同时，液体吸收还有一种提供表面或气液界面接触面的类似功能。

二、分离回收参数控制

为了准确获得特定天然气凝液组分的量，在分离回收中对相关参数的控制尤为重要。天然气凝液分离回收过程涉及的相态变化受到 3 个参数的综合影响，即操作压力 p、操作温度 T、体系的组成及浓度。

在基于能量特性的分离回收中，压力（p）的维护可直接调控，通过压缩制冷、膨胀深冷分离技术可使温度（T）降低而取得冷凝效果。在基于质量特性的分离回收中，通过吸附或吸收方法控制作为天然气凝液而回收的烃类的组成及浓度。当然，凝结效率、也就是天然气凝液的回收率是关于压力 p、温度 T、流速及接触时间的函数。

总之，基于上述机理的天然气凝液分离回收系统设计，应考虑所有操作条件参数达到最优化，并且保证提供有充分的接触面积，以促进相间的传热传质，实现高效分离回收。

三、分离回收工艺

国外油气集输中常见的天然气凝液分离回收工艺有吸收工艺、制冷工艺和深冷（焦耳—汤姆逊涡轮膨胀）分离工艺。

1. 吸收工艺

如图 6-2 所示，吸收装置主要由吸收单元和再生单元两大部分组成，上向流天然气流与吸收塔中的溶剂（往往使用煤油沸程内的轻质油）直接接触，其中吸附柱在大约 2.7～6.9MPa 的压力和环境温度（适度低于环境温度）的条件下工作。溶剂和被吸收的天然气凝液作为富油直接进入蒸馏装置，以分离回收天然气凝液，而贫油被回收到吸收塔。除了天然汽油，这一过程中还可以回收 C_3，C_4 组分。接着，进入富油脱乙烷塔，将富油中的乙烷分离出来。不过，乙烷的回收率很低，因此该工艺在国外中已经或正在逐步取消。

2. 制冷工艺

为了从天然气中分离回收天然气凝液，国外许多天然气处理厂在生产过程中都是采用低温法。如图 6-3 所示，选择无毒性、无腐蚀性制冷剂，使用单组分制冷系统提供外部制冷，将天然气冷却至 -40～-18℃；而当使用串级制冷系统时，则可达到 -100～-70℃ 的更低温度，天然气凝液便在多级温度下从干气中分离出来，然后分馏成最终的产品。其中，尤其乙烷的回收率强烈依赖于温度，其回收率是操作温度的函数。

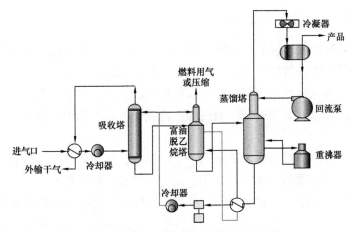

图 6-2　天然气凝液吸收法分离回收工艺

制冷工艺分离回收天然气凝液时，操作条件至关重要，当指定离开冷却器气液混合物的温度时，通常需要达到两个目标，一个是烃类的露点控制，一个是收率。如果主要目标是控制烃类的露点，那么气液混合物流的温度往往被设置在低于期望露点温度 6~10℃；而如果以收率为主要目标，则应尽可能减少非销售品组分的凝结量，也就是说，冷凝甲烷是不划算的。

一般推荐达到最大收率时制冷系统的操作压力设定为 2.7~4.1MPa，甲烷的冷凝随着压力的升高而增加，因此最佳的压力必须是最小化系统的总成本。通常来说，分离过程是在相近于气体销售环节所需的压力下进行，目的自然就是消除气体再压缩的成本。当给定分离压力时，相应的操作温度根据产品类型进行选取：

（1）如果凝液产品较重而作为一种原油销售，则分离操作温度在 0~5℃；

（2）如果凝液产品中丙烷是最轻的组分，则分离操作温度应在 -30~-18℃，此时温度控制还需考虑是否有液体吸收单元或液体吸收与制冷技术相结合；

（3）如果分离操作温度设定在 -30℃以下，这便是回收乙烷的一个低温范围。

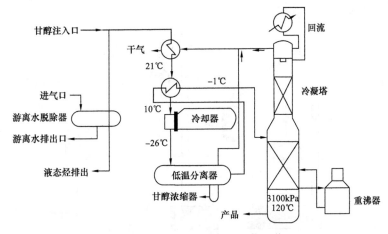

图 6-3　天然气凝液制冷回收工艺

3. 深冷工艺

除了吸收法、制冷法，还有一种从天然气中分离天然气凝液的工艺就是深冷工艺，此工艺可通过基于低温膨胀的两种方法来实现，一种是利用涡轮膨胀机制冷而冷凝、回收天然气中的液态烃，另一种利用阀门膨胀来取得相似的效果。在第一种方法中，天然气的焓被转化为有用功，热力学表现近似等熵过程；而在第二种方法中，膨胀过程可被近似描述为等焓过程。

涡轮膨胀产生的温度要远低于膨胀阀产生的温度，如图 6-4 所示为典型涡轮膨胀深冷工艺示意图，该工艺在温度 –106～–73℃、压力 6.9MPa 的环境下运行，代表了天然气加工业技术新的发展。深冷工艺最显著的优点是可以提高凝液收率，特别是乙烷的收率。

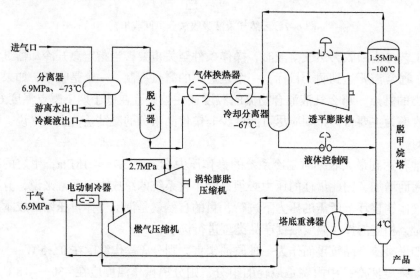

图 6-4 天然气凝液深冷回收工艺

如图 6-5 所示为国外利用乙烷 / 丙烷冷凝天然气，继而脱甲烷，以生产最终产品天然气凝液的基本流程。

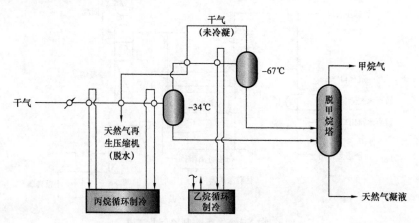

图 6-5 天然气凝液冷凝 / 脱甲烷

第二节 天然气凝液分馏

一般来说，在天然气处理厂，特别是在分馏厂，生产操作目标就是生产符合规格的产品、控制顶部产品或底部产品的纯度，同时节约燃料的消耗。至于分馏设施的设计，其主要目标是明确分离所要选择的工艺，以及确定分离序列，在天然气加工厂中扮演着重要的角色。本节介绍国外一些从天然气凝液中生产高质量产品的分馏设备，介绍几种根据进料不同的分馏塔类型以及其生产的产品。

一、精馏原理

利用混合物物料中组分间化学、物理性质的差异是精馏的关键，其影响因素包括混合物物料自身的物理性质、物料组分性质差异的大小、待精馏混合物物料的量、不同组分的有关性质及纯度要求、精馏过程中物料的化学行为及其腐蚀性等。

度量一种组分 A 从另一种组分 B 中分离的难易程度称为分离因子，定义为

$$SF = \frac{(C_A/C_B)_{塔顶产品}}{(C_A/C_B)_{塔底产品}} \tag{6-1}$$

式中　SF——分离因子；

C_A，C_B——组分 A 和组分 B 的浓度。

分离因子 SF 值高，意味着容易分离。比如通过蒸发方式从海水中分离盐，此时分离因子 SF 的值凭直觉是无穷大的，因为是从非挥发性盐中分离挥发性水组分。一种待分馏原料天然气中一般含有如表 6-2 所示的可分馏组分。

表 6-2　天然气凝液各组分的沸点

组分	大气压下的沸点，℃
乙烷	−88
丙烷	−42
异丁烷	−11
正丁烷	−0.5
C_{5+}	28~121

从表中数据中可以明显看出，为了分离天然气凝液混合物，如分离底部产品 C_{3+} 时，那么塔顶产品乙烷和塔底产品之间的沸点必须存在有一定差异，这种差异可以描述分离的困难程度或如前所述的分离因子 SF 值。作为一种平衡分离过程，分离因子 SF 应该大于集中于塔顶的乙烷量和集中于塔底的 C_{3+} 量。分离的难度还决定于以下几个方面：

（1）精馏塔板数量过多，影响塔的尺寸；

（2）回流比过高，影响泵径和功耗；

（3）附加的重沸器热负荷，影响重沸器的尺寸和能耗。

二、精馏过程和分馏塔类型

天然气凝液的分馏需要不同模式的精馏，以及辅以其他技术，国外天然气处理厂也有着不同类型的分馏塔，表6-3列出了其典型的分馏塔及功能。

表6-3　典型分馏塔类型及功能

分馏塔类型	进料	塔顶产品	塔底产品
脱甲烷塔	甲烷，乙烷	甲烷	乙烷
脱乙烷塔	液化石油气	乙烷	C_{3+}
脱丙烷塔	脱乙烷塔底产物	丙烷	C_{4+}
脱丁烷塔	脱丙烷塔底产物	正丁烷	C_{5+}
脱异丁烷塔	脱丁烷塔底产物	异丁烷	正丁烷

确保有效而高性能的分馏操作，需要控制关键性操作参数。

（1）分馏塔塔顶温度。分馏塔塔顶温度影响着塔顶产品中重烃的含量，通过回流比可以控制这一操作参数，增加回流比将减少塔顶产品中重烃的量，因为回流液体是蒸汽在塔顶冷凝而产生的。对于使用整体冷凝器的塔，如脱丙烷塔和脱丁烷塔，所有蒸汽均被冷凝而产生回流液体和液体产品；而对于采用局部冷凝器的塔，如脱乙烷塔，产品是以气相乙烷形式产出。

（2）分馏塔塔底重沸器温度。分馏塔塔底重沸器温度影响着塔底产物中轻烃的含量，通过调节重沸器的热输入可以控制该参数。

（3）分馏塔操作压力。分馏塔操作压力由冷凝介质的类型及其温度来确定，相对而言，分馏塔操作压力的改变并不会在较大程度上影响产品质量。

三、精馏分离序列

在从天然气中精馏分离回收天然气凝液组分时，需要找到经济性和技术性都适宜的分离序列最佳配置方案。在这方面，国外在油气集输矿场加工中一般是通过一些规程或启发式方法来寻找工业解决方案。

分馏成本一方面受供料的影响，也就是负荷 L，另一方面受组分间沸点差异 Z 的影响，可以通过式（6-2）的关系将分离成本与这两个变量相关联：

$$分离成本 = k\frac{L}{Z} \tag{6-2}$$

显然，可将分离成本看作关于负荷 L 与组分间沸点差异 Z 的函数，由于对于给定的凝液混合物，Z 值是固定的，实现成本最小分馏成本的目标就是如何选择一个最佳的分离序列配置方案,以最小化分馏负荷 L。

首先需要明确的关系是

$$N = n - 1 \tag{6-3}$$

$$S = \frac{\left[2(n-1)\right]!}{n!(n-1)!} \tag{6-4}$$

式中 N——分离柱的个数;

n——天然气凝液中组分的数量;

S——分离序列的数量。

下面介绍国外矿场加工中的一些案例及其适用的相关规程。

(1)分离苯、甲苯和二甲苯混合物的分离序列构建。

首先,据式(6-3)可知分离柱的个数为 $N=2$,据式(6-4)知分离序列的数量为

$$S = \frac{(2 \times 2)!}{(3 \times 2 \times 1)(2 \times 1)} = 2$$

图 6-6 给出了 4 种可能的序列,当然并非所有序列都可行,如图 6-5c 和图 6-5d 所示的序列配置方案都可以排除,因为图 6-5c 的分离序列配置方案中分离柱个数为 3 个,而图 6-5d 的分离序列配置方案所生产产品纯度不能保证。因此,图 6-5a 和图 6-5b 所示的分离序列配置方案可行且等价。

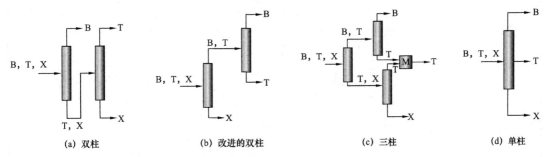

(a) 双柱   (b) 改进的双柱   (c) 三柱   (d) 单柱

图 6-6   苯(B)、甲苯(T)和二甲苯(X)混合物的分离序列配置

这里,遵循以下规程:

① 在所有其他条件相同的情况下,旨在尽早分离出更多的组分;

② 难分离的组分可保留至最后;

③ 当使用蒸馏或类似的方案时,在所有其他条件相同的情况下,选择的分离序列应该是最后将最有价值的物料或期望产品作为蒸馏物去除;

④ 蒸馏过程中,在所有其他条件相同的情况下,优先考虑的分离序列应该是将分离柱顶的组分依次去除;

⑤ 在所有其他条件相同的情况下,避免温度和压力的变化,即便有变化,也应该增而不是降。

（2）四组分混合物的分离序列构建。

如果要将四种组分的混合物进行分离，假设它们在进料中的含量为 D_i（i=1，2，3，4）且相等，也就是 $D_1=D_2=D_3=D_4=D$。据式（6–3）计算可知分离柱的个数为 N=3，据式（6–4）计算知分离序列的数量为 S=5，则可构建分离序列配置方案见表6–4，同时，为了选择最佳方案，还需计算所有分离序列的总负荷：

$$某分离序列的总负荷 = \sum_{i=1}^{n} D_i N \qquad (6-5)$$

表6–4　四组分混合物分离序列构建

序号	分离序列	总负荷
1		$D_1+2D_2+3D_3+3D_4=9D$
2		$D_1+3D_2+3D_3+2D_4=9D$
3		$2D_1+2D_2+2D_3+2D_4=8D$
4		$3D_1+3D_2+2D_3+D_4=9D$
5		$2D_1+3D_2+3D_3+D_4=9D$

显然，第 3 种序列的负荷小，总负荷为 8D。

（3）乙烯和丙烯生产中的分离序列构建。

天然气凝液组分分馏过程中相关规程和启发式方法的实际工业应用如图 6-7 所示，描述了国外一个年产乙烯近 23×10^4t 的天然气催化裂化厂产生气体混合物的精馏分离工艺序列配置。乙烯和丙烯是天然气中碳氢化合物催化裂解形成的有价值产品，在该分离序列配置方案中，供料口的气体组分见表 6-5。

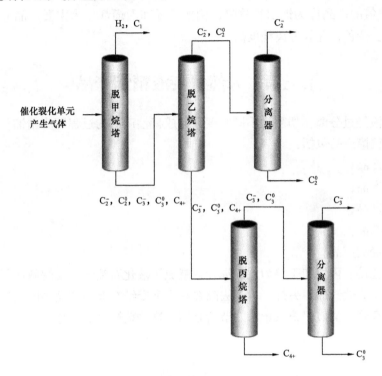

图 6-7 乙烯和丙烯生产中的产品分离

表 6-5 供料口气体组分性质

组分	沸点，℃
18%氢（H_2）	−253
15%甲烷（C_1）	−161
24%乙烯（C_2^-）	−104
15%乙烷（C_2^0）	−88
14%丙烯（C_3^-）	−48
6%丙烷（C_3^0）	−42
8%重质烃类（C_{4+}）	−1

于是，据此案例可启发获得以下结论。

① 难分离的组分留到最后。丙烷和丙烯的沸点相近，因此将它们的分离配置在最后环节，如图6-6中的分离器单元；其次最难分离的是乙烷和乙烯，同样配置在最后环节，如图6-6中的分离器单元。

② 大量塔顶产物的去除是在第一个精馏塔中，例如从脱甲烷塔分离出18%的挥发性组分氢和15%的挥发性组分甲烷。

③ 将有价值的产品作为馏出物移除，例如乙烯和丙烯都作为主要产品分离，这样可以确保产品不会变色，并且分离纯度高。

第三节　天然气凝液精馏产品

天然气凝液经过分馏，切割为不同密度和组成特性产品的过程即为精馏，可销售使用的天然气凝液精馏产品包括：

（1）乙烷产品；

（2）丙烷产品；

（3）丁烷产品；

（4）戊烷产品；

（5）重质烃类产品。

其中，以乙烷、丙烷和丁烷为主的混合物就成了液化石油气，戊烷就成了凝析油，而重质烃类就成了天然汽油。另外，为了去除在高压下凝结在液态产品中的大量甲烷和其他挥发性烃类化合物，类似于第三章第二节所介绍，这些精馏产品往往还需要在矿场经历稳定化过程。

参考文献

［1］Hussein K Abdel-Aal, Mohamed A. Aggour, Mohamed A. Fahim. Petroleum and Gas Field Processing（Second Edition）［M］. New York：CRC Press, 2016.

［2］Saeid Mokhatab, William A Poe, John Y Mak. Handbook of Natural Gas Transmission and Processing（Third Edition）［M］. Oxford：Gulf Professional Publishing, 2015.

［3］Kidnay A J, Parish W. Fundamentals of Natural Gas Processing［M］. New York：CRC Press, 2006.

［4］Mullick S, Dhole V. Consider Integrated Plant Design and Engineering［J］. Hydrocarbon Process, 2007, 86（12）, 81–85.

［5］Håvard Devold. Oil and Gas Production Handbook（Third Edition）［M］. Oslo：ABB Oil and Gas Group Press, 2013.

［6］Khor C S, Elkamel A, Shah N. Optimization Methods for Petroleum Fields Development and Production Systems：A Review［J］. Hydrocarbon Process, 2007, 18（4）：907–941.

［7］Vetter C P, Kuebel L A, Natarajan D, et al. Review of Failure Trends in the US Natural Gas Pipeline Industry：An In-Depth Analysis of Transmission and Distribution System Incidents［J］. Journal of Loss Prevention in the Process Industries, 2019, 60：317–333.

［8］Umar A A, Bin Mohd Saaid I, Sulaimon A A, et al. A Review of Petroleum Emulsions and Recent Progress on Water-in-Crude Oil Emulsions Stabilized by Natural Surfactants and Solids［J］. Journal of Petroleum Science and Engineering, 2018, 165：673–690.

［9］Santos S M G, Gaspar A T F S, Schiozer D J. Risk Management in Petroleum Development Projects：Technical and Economic Indicators to Define A Robust Production Strategy［J］. Journal of Petroleum Science and Engineering, 2017, 151：116–127.

［10］Al-Sabagh Ahmed M, Kandile Nadia G, Noor El-Din Mahmoud R. Functions of Demulsifiers in the Petroleum Industry［J］. Separation Science and Technology, 2011, 46（7）：1144–1163.

［11］刘扬. 油气集输［M］. 北京：石油工业出版社, 2015.

［12］刘扬. 大型油气网络系统优化理论及方法［M］. 北京：科学出版社, 2019.

［13］曾自强, 张育芳. 天然气集输工程［M］. 北京：石油工业出版社, 2001.

［14］张兴平. 国外分散小油田集输处理技术现状［J］. 油气田地面工程, 2007, 26（9）：23–24.

［15］李秋忙, 孙铁民, 牟永春, 等. 国外油气田建设管理经验及对国内油气田建设管理的建议［J］. 石油规划设计, 2008, 19（1）：1–4.

［16］冯庆善. 关于长输管道统一定义与范围界定的讨论［J］. 油气储运, 2020, 39（5）：492–499.

［17］陈赓良. 天然气三甘醇脱水工艺的技术进展［J］. 石油与天然气化工, 2015, 44（6）：1–9.

［18］李杰训, 赵雪峰, 王明信, 等. 美国陆上油田地面工程建设的启示［J］. 石油规划设计, 2016, 27（1）：18–22.

［19］李杰训. 聚合物驱油地面工程技术［M］. 北京：石油工业出版社, 2008.

［20］李杰训. 三元复合驱地面工程技术试验进展［M］. 东营：中国石油大学出版社, 2009.

［21］王春瑶，刘颖. 气田集输工艺的选择［J］. 天然气与石油，2006，24（5）：25-27.

［22］Nguyen Tuong-Van, Jacyno Tomasz, Breuhaus Peter, et al. Thermodynamic Analysis of An Upstream Petroleum Plant Operated on a Mature Field［J］. Energy, 2014, 68: 454-469.

［23］Aksyutin O E. Scientific and Technical Problems in Natural Gas Recovery, Transport, and Processing［J］. Herald of the Russian Academy of Sciences, 2019, 89（2）: 91-95.

［24］Wang Z, Lin X, Yu T, et al. Case History of Dehydration-Technology Improvement for HCPF Production in the Daqing Oil Field［J］. Oil and Gas Facilities, 2016, 5（12）: 1-11.

［25］Ehsaan Ahmad Nasir. Technology Focus: Natural Gas Processing and Handling［J］. Journal of Petroleum Technology, 2019, 71（4）: 50.

［26］Wang Z, Li J, Zhang H-Q, et al. Treatment on Oil/Water Gel Deposition Behavior in Non-Heating Gathering and Transporting Process with Polymer Flooding Wells［J］. Environmental Earth Sciences, 2017, 76（8）: 326.

［27］He T, Karimi I A, Ju Y. Review on the Design and Optimization of Natural Gas Liquefaction Processes for Onshore and Offshore Applications［J］. Chemical Engineering Research and Design, 2018, 1321: 89-114.

［28］Sekwang Yoon, Binns M, Sangmin Park, et al. Development of Energy-Efficient Processes for Natural Gas Liquids Recovery［J］. Energy, 2017, 128: 768-775.